书山有路勤为泾，优质资源伴你行

注册世纪波学院会员，享精品图书增值服务

系统化思维

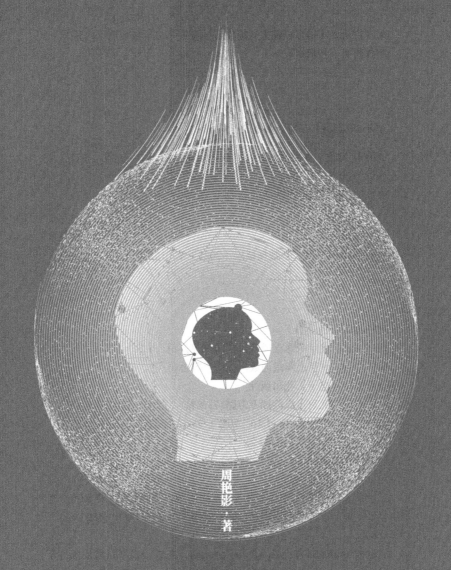

周艳影 · 著

直击本质，洞察未来

电子工业出版社
Publishing House of Electronics Industry
北京 · BEIJING

图书在版编目（CIP）数据

系统化思维：直击本质，洞察未来 / 周艳影著. —北京：电子工业
出版社，2022.3
ISBN 978-7-121-42584-4

Ⅰ.①系… Ⅱ.①周… Ⅲ.①系统思维 Ⅳ.① N94

中国版本图书馆 CIP 数据核字（2022）第 015200 号

责任编辑：杨洪军
印　　刷：北京七彩京通数码快印有限公司
装　　订：北京七彩京通数码快印有限公司
出版发行：电子工业出版社
　　　　　北京市海淀区万寿路173信箱　　邮编　100036
开　　本：720×1000　1/16　印张：13.5　字数：130千字
版　　次：2022年3月第1版
印　　次：2024年6月第7次印刷
定　　价：69.00元

凡所购买电子工业出版社图书有缺损问题，请向购买书店调换。若
书店售缺，请与本社发行部联系，联系及邮购电话：（010）88254888，
88258888。

质量投诉请发邮件至zlts@phei.com.cn，盗版侵权举报请发邮件至
dbqq@phei.com.cn。

本书咨询联系方式：（010）88254199，sjb@phei.com.cn。

前言

　　孩子刚一上小学，我便开始焦虑，原因是孩子的教育问题开始困扰我。尽管一直在学习各种亲子教育的方法和课程，可真的面临实际问题时，我还是找不到非常有效的方法去应对。

　　因为在教育孩子的问题上遇到了瓶颈，陆续出现了无法解决的问题，所以我开始深度思考、自我反思，开始回溯我的整个职业生涯和过往经历——做管理、做运营、做培训师等。工作中，我总能游刃有余，即使遇到了困难，也总能找到办法去解决和应对，但在孩子的教育问题上却遇到了巨大的阻碍。

　　上小学以后，孩子不能按时起床、自己穿衣、洗漱、独立吃饭，每一件事都要在催促下才能完成，放学回家后，孩子又出现写作业磨叽、拖延、不认真等诸多问题。

我开始尝试用各种方法来纠正这些问题，从引导、鼓励到教育、批评，最后到惩罚。对于小学生，似乎惩罚是最有效的，这也是很多家长常用的教育方式。

然而，经常惩罚孩子，就会导致跟孩子的关系僵化。这又使得我去思考：我忽略了什么？到底是什么原因导致了孩子的问题？在解决这些问题的过程中，许多人一直都是只看到问题的现象，就马上想去干预和阻止，很少深度思考。大部分人一直都是基于自己的判断，而没有去深究过更深层次的原因。

想要全面思考问题，找到问题的本质，就要有系统思考的能力，要从系统层面去解决问题。

于是，我尝试做了如下改变：

（1）从孩子的角度思考问题的原因。

（2）把问题罗列出来，一个一个解决。

（3）客观地看待问题，而不是主观判断。

（4）从看到的现象出发去找本质原因。

一段时间后，我发现：

（1）孩子有意愿做好，而且在努力。

（2）我正确理解了孩子的能力与成长的能力之间的差异。

（3）孩子的优势和劣势，见仁见智。

一个孩子可能出现很多问题，或者很多孩子可能出现同一种问题，我们看到的所有问题都是一种现象，同一种现象出现的原因也会不同。家长在处理问题的时候，常常会用同一种方法对待很多问题。如果问题得不到解决，家长就会尝试用多种方法对待同一个问题，去找解决的办法。当用对了一次方法，下一次遇到同样的问题时，我们还会用同样的方法。但是我们忽略了问题背后的具体原因，所以当问题得不到解决时，很多家长就开始迷茫。

家长自己都会有一套教育孩子的方法或者学习很多有效的教育孩子的方法，但系统化思维告诉我们透过现象去看问题的本质，通过系统思考而找到解决问题的方法，从而有效地解决问题。解决问题一定要对症下药。

因此，在工作或者生活中，我们要透过现象看本质，根据不同的人、不同的事、不同的时间、不同的环境等运用不同的方法，系统全面地看待问题，从而最终解决问题。我们要通过点状的现象，看到背后引发的线性思考、全面思考、整体思考和系统思考。

经过了这个思考和实践过程，我转变了思维方式。我发现之前学习过很多方法和课程都是很好的、有效的。面对问题通过正确的思考方式，找到有效的方法，让我和孩子不再对抗，而是共同成长。

——直击本质，洞察未来

在你的工作或生活中是不是也遇到过以下问题：

（1）工作上总有忙不完的事情，每天像一个"救火"队员？

（2）经常因为某件事情拿不定主意而左右为难？

（3）经常发现自己的想法存在矛盾和冲突？

（4）因为看不到未来，内心充满焦虑和迷茫？

（5）不知如何去实现自己的理想和目标？

时代正在快速发展，我们面临的各方面压力接踵而至。看到越来越多的人无助、焦虑，我希望能够帮助大家学习和运用系统化思维改变现状，于是本书应运而生。本书用通俗易懂的语言和被大部分人认知的理论和观点，解读系统化思维，以提升个人系统化思维的能力。

本书写给需要自我成长和思维升级的朋友。思维方法是可以学习的，思维能力是可以训练的。每个人都可以通过正确的学习方式，通过刻意练习实现自己的人生目标。希望本书可以让更多人了解系统化思维和如何进行系统化思维升级，找到更多可以探寻人生的通路。

本书也是送给我儿子的第一份成长礼物！

导读

系统化思维对人生的影响

系统化思维对人生的影响至关重要，它决定了人生的高度和深度。系统无处不在，一切个体都可以看成系统中的元素。世界是由各种系统汇聚而成的，只有系统才能运转，只有运转才有生机。系统化思维可以让复杂的事情变得简单，也可以让简单的事情变得复杂。系统化思维是一种认识世界的方式，通过它可以洞察事物的本质，可以高空俯视事物的全貌。

一、系统化思维的好处

（一）拨开云雾，遇见阳光

人一生都在不停地解决一个又一个问题，有时候一个问题会引发一系列问题，也就是生活中为什么很多人会感

觉总有忙不完的事情，停不下来。

所有的问题都可归为以下三类：

（1）人自身的问题。

（2）人和万物（包括人）之间的问题。

（3）人和环境之间的问题。

由此可见，人是核心，世间万物都是以人的视角呈现的，这是问题之本。找到问题的本质，才能最有效地解决问题。

系统化思维可以让我们从自身、万物、环境等更多、更大、更全面的视角看问题。当我们看问题的视野变大、维度变多时，就可以清楚地看到世界存在更多的可能性，从而找到最合理、最本质的解决问题的方法。

（二）一悟千悟，一通百通

当以系统化思维的视角看世界时，我们就会发现万物都在系统中，通过问题现象点，自然就能看到现象点背后的系统。系统化思维是万物运行背后的规律，可以应用在各个领域或者解决各种问题。

系统思考问题的路径如图0-1所示。

图0-1 系统思考问题的路径

（1）问题确定：找到客观现象点①。

（2）问题分析：找到现象点背后的系统。

（3）问题整理：在众多系统中找到交叉次数最多的点，即本质点。

（4）问题解决：对本质点进行解决。

按照以上路径，我们可以找到问题的本质，从而解决问题。系统化思维几乎可以用在所有问题上，包括人生的问题、生活的问题、工作的问题等。

"一悟千悟，一通百通。""条条大道通罗马。"这些谚语隐含的道理本质上都是一样的。每个成功的人，成功的路径都不一样；每个失败的人，失败的情况也不一样。但是这些成功或失败的人，在成功或失败的过程中总

---

① 现象点等相关定义见第一章。

能找到一些共性规律，也就是本质。当我们学会找到成功的本质时，即使呈现的方式不同，结果也一定是成功的；当我们沉浸在失败的本质中时，即使做再多表面的改变，结果也已经注定是失败的。

管理科学研究的是共性而不是特性。我们在工作中使用的一些管理学的理论和方法，往往都是在成功或失败的过程中找到共性，萃取成功经验，将其转化为工具或方法，然后在不断尝试的过程中进行修正，最后把有效经验进行传播。如果管理者学会找到问题的本质，即使遇到再多的不同的现象，依然可以有效快速地解决问题。

（三）大道至简，衍化至繁

从系统化思维的视角我们可以看清问题的本质。任何事情都是由一个点引发的，从而带动线性发展，引发全面或整体的"动荡"。我们看到的，就是由很多现象点形成的混乱的局面。我们要做的就是从中抽丝剥茧。

思考复杂问题的流程如下：

（1）从混乱的现象中，找到一个客观的现象点。

（2）从现象点展开对问题进行思考。

（3）在思考的过程中，对点、线、面、体进行连接思考，以系统形式呈现。

（4）从系统中寻找问题的本质点。

（5）改善或调整本质点，以引发所在系统的改变。

越简单，越有效。人们通常看到的复杂问题都是由一个本质点一步一步发展而成的，这个过程是裂变的过程。系统化思维帮助我们学会从系统的视角用最本质的思维方式，将复杂的问题简单化。

二、系统化思维的学习阶段

在学习和研究系统化思维的过程中，我们会不断给自己带来惊喜。每提升一个思考层级就会带来一些改变。以下的七个学习阶段供大家学习时参考。

（一）入门

在入门阶段，我们会发现很多之前想不明白的问题突然想通了，对生活有了更深的理解，同时伴有积极正向的内在动力。

（二）进门

在进门阶段，我们会发现系统地看问题，不但能够看得更远，还能够看得更深；想要追寻事物的本质，将不可能变成可能；发现所有学到的、知道的都是相通的，即"一通百通"。

（三）一级

在一级阶段，我们发现运用系统思维能够解决很多问题，不管是简单的还是复杂的；感受到从高维看低维，能够明白解决本质和解决现象的区别。这个阶段还有个惊喜，就是从系统的视角升级思维，其他能力也会随之升级，这种升级是全面的。

（四）二级

在二级阶段，我们能够增强对系统思维本身的思考。系统思维本身也是系统，包括静态思维与动态思维、正向思维与负向思维，它的进化也会有路径和阻碍，从而影响它的呈现。我们还要认识到系统思维及其优势和劣势。

（五）三级

在三级阶段，我们认识到万物要有序发展，都离不开系统，只有系统运转了，才能有效激活系统中的个体元素。系统在演进的过程中与系统思维是相互影响的，所以还要思考进化思维与退化思维、熵增思维与熵减思维；通过对自然和熵的认识思考系统的本质变化，寻找系统中的隐含规律。

（六）四级

在四级阶段，我们要实现系统的永续运转，同时要思

考平衡思维与失衡思维、代偿思维与补偿思维；系统的良性运行需要系统中的元素相互呼应，关系平衡。当系统中元素失衡时，系统中其他元素会做出代偿反应，在不足的元素上出现过度补偿。

（七）五级

在五级阶段，我们开始进行系统思维的系统化，也就是系统化思维。系统思维的系统化完全形成，形成闭环。

三、系统化思维应用举例

越深入研究系统思维，其带来的惊喜和自我成长越多。以下两个案例可以让大家更好地理解、感受系统化思维的魅力。

（一）案例——宝宝拔牙

很多不满13周岁的孩子在换牙期，都会去牙科医院拔牙，主要原因是他们的牙齿没有得到正确使用，换牙期乳牙不掉，阻碍新牙生长。

1.传统思维的思考过程

造成这种现象的主要原因：

（1）孩子被家长照顾得无微不至，没有正确使用牙齿。

（2）各种功能齐全的小家电进一步减少牙齿的咀嚼动

作，如榨汁机、搅拌机、破壁机等，不光是孩子，成人也很少吃硬的食物。

我们在传统思维的模式下可以想到，吃硬的食物会伤害牙齿或者因食物嚼不烂而伤胃。在孩子长牙的过程中，家长会购买磨牙棒，以减轻孩子的不适。这些都是看到现象而解决现象，没有深入思考背后的原因和形成的过程。

2. 系统化思维的思考过程

（1）点状系统思维：牙齿没有被正确使用。

（2）线性系统思维：因为宝宝小，所以吃硬的食物会伤害牙齿，或者因为食物嚼不烂而伤胃，所以硬的食物都会被加工过再吃；因为宝宝长牙不舒服，所以买磨牙棒。

（3）全面系统思维：了解牙齿的功能、换牙周期、生长过程等。牙齿的功能就是帮助人类咀嚼食物，多咀嚼才会让牙和周围组织健康。换牙周期，新牙要长出来，旧牙会开始松动，如果不经常咀嚼，旧牙掉落慢，就会导致新牙长不出或者长偏；掉落牙齿后，需要不断咀嚼才有利于新牙长出，才会减少孩子长牙的不舒服问题。

（4）整体系统思维：进一步理解人体的生长、牙齿对人体生长的重要性等。牙齿本身就是要咬碎食物，帮助消化，还可以帮助发音，保持面部形状。更多地了解牙齿的重要性，就会知道正确地使用牙齿有多么重要。

（5）时间系统思维：从人类的进化史角度思考，所有组成人类身体的器官都有不同的作用，每个器官都有它的成长周期和成长因素。我们要遵从这些规律，才能健康成长。

系统化思维可以让我们从点状的现象中，全面系统地思考问题，从更多的思考中找到问题的本质，从本质上解决问题。系统化思维的好处是，即使你不是专家，也可以有专家的思维方式。系统化思维可以让我们进行前置思考，杜绝意外问题的发生；系统化思维可以让人更容易看到事物的本质，根治问题。

（二）案例——电动汽车

近些年，电动汽车已经逐渐进入大众视野，同时国家也在大力推广电动车的使用。

1. 传统思维的思考过程

大力推广电动汽车有两个主要原因：

（1）节约能源，减少汽油消耗（汽油是不可再生资源）。

（2）保护环境，减少大气污染（空气中的二氧化碳增加会破坏大气平衡，使地球升温）。

2. 系统化思维的思考过程

（1）点状系统思维：从汽油车和电动车本身优劣势进行思考。

（2）线性系统思维：①电能是可再生资源，这种无碳

排放不会造成大气污染；②节能、环保这两大好处太吸引人了；③汽油用了就没了，目前还没有发现可替代资源；④我们每天接触空气，近年来的空气污染给我们的健康带来了很大的危害。

（3）全面系统思维：对比分析汽油车和电动车的整个生产过程、使用过程、回收周期。

（4）整体系统思维：对比分析汽油的生产和电池的原料生产情况等。

（5）时间系统思维：对比分析汽油车和电动车的整个生命周期、人们的使用情况、给生活带来的长期和短期影响等。

以上案例列举了系统思维不断升级所带来的变化。随着系统思维的不断升级，它的范围成倍扩大，大家初步感受到了系统化思维的魅力——从低维升高维，从高维看低维地直观表达。

学会系统化思维，人人都可以拥有专家的思维方式。系统思维的每次升级只需要扩大思考范围，收集更多的信息和数据。信息和数据收集得越多，系统思考的范围就越大，思维就越精准。

在真正开始阅读本书之前，请尝试空杯心态，相信本书会给你带来更多的体验和惊喜！

目录

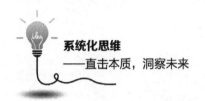

第一章

系统化思维的
认知与理解

一、理论基础及研究

（一）定义

学习系统化思维一定要清楚有关系统化思维的理论基础和相关定义，理解它们相互之间的关系。

1. 思考与思维

思考是动词，是指进行比较深刻、周到的大脑活动。思维是名词，是指大脑活动的过程。

思考和思维之间的关系可以理解为：思考是思维的基础，思维是思考的呈现；思维是训练出来的，思考是可以随时开始的。

2. 系统

中国著名学者钱学森认为，系统是由相互作用、相互依赖的若干组成部分结合而成的，是具有特定功能的有机整体，而且这个有机整体又是它从属的更大系统的组成部分。

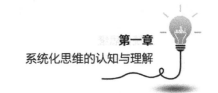

3. 系统思考/系统思考力/系统思维

系统思考是指多维度结构化、深入而有效的思考方法。系统思考力是指系统思考的能力。系统思维是指系统思考的整体过程。

4. 系统化思维

系统思维的系统化过程，称为系统化思维。

5. 其他相关名词术语

元素：构成系统的信息点或者现象点。

原素：起点元素，系统中开始的元素点。

关键元素：决定系统存亡的关键元素点。

现象点：听到、看到或知道的客观现象元素。

本质点：通过现象点深入思考挖掘，找到的事物的本质元素。

根源点：透过本质寻找隐藏在背后更深层次的真相元素。

角度：整体思维过程中找到的相关联的思考视角。

维度：指在空间思维中，不同空间维度的思考视角。

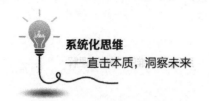

（二）其他研究

1. 路德维希·冯·贝塔朗菲《一般系统论》

一般系统论创始人贝塔朗菲将系统定义为，"系统是相互联系、相互作用的诸元素的综合体"，强调元素间的相互作用以及系统对元素的整合作用。

2. 彼得·圣吉《第五项修炼》

系统思考是一门理解隐藏在复杂情形下的"结构"以及洞察高低势力变化的学科。最终，它帮助我们了解隐藏在事件和细节下的更深刻的模式，以使生活得到简化。

3. 丹尼斯·舍伍德《系统思考》

用"系统"表示"一群相互连接的实体"，这是对构成人们感兴趣的实体事物之间的连接的一种强调性定义。

综上所述，系统化思维是一种多维空间的思考方式，是从多角度追本溯源、寻求规律、探索更多可能的思考方式。系统化思维是系统思考的整体过程，通过反复训练可以形成系统化思维。想要建立系统化思维，我们首先要有系统思考的能力，然后通过长期训练和坚持，形成自己的系统化思维模式及系统化思维路径。系统化思维遵

循系统性原则，符合逻辑思维规律，是一种开放的思维模式。

二、从不同角度理解系统化思维

（一）系统理解系统化思维

1. 目前学术研究

系统科学是关于系统及其演化规律的科学。这门科学自20世纪上半叶产生，利用系统科学的原理研究各种系统的结构、功能及进化规律，统称为系统科学方法。这些方法在各学科都得到了广泛应用。

系统科学研究有两个基本特点：

（1）它与工程技术、经济建设、企业管理、环境科学等密切联系，具有很强的应用性。

（2）它的理论基础不仅是系统论，还依赖有关的专门学科，与现代一些数学分支学科有密切关系。人们认为，系统科学方法一般指研究系统的数字模型及系统的结构和设计方法。

系统思维最早出现在1921年建立的格式塔心理学理论中。1925年英国数理逻辑学家和哲学家怀特海在《科学与近代世界》一文中提出，用机体论代替机械决定论，认为只有把生命体看成一个有机整体，才能解释生命的复杂现象。

2. 系统化思维研究

系统化思维不限于系统科学的具体研究及相关应用。系统化思维更倾向于研究个人成长、组织成长等社会应用和价值，通过观察和逻辑推理整理出学习系统化思维的成长路径和应用方法。整套体系融合了各学科的理论基础和相关的学术研究，不进行某一学科学术性的深入研究，而更注重其社会实践及应用价值。专注研究系统化思维，又不限于系统化思维本身的研究，更关注个人、组织及社会的发展而实现的某种目标，为实现某种结果或追求。所有研究的内容没有突破现有的科学学科，而是将现有的科学学科整合系统化的过程。

3. 系统的理解

系统可大可小，可以有大系统，也可以有小系统。大系统可以包含宇宙、万物、多维时空等；小系统可以只

是生态链条或者事物个体。系统可以包括所有的已知和未知。

1）大系统

《易经》研究的是世间万物变化的规律，是中华民族五千年智慧的结晶，是博大精深的辩证法哲学书。"无极生太极，太极生两仪，两仪生四象，四象生八卦，八卦生万物。"可以将其看作系统化思维的不断升级。对《道德经》中的"道生一，一生二，二生三，三生万物"也可以看作系统化思维的不断升级。其中的"道"，指的是在这个系统中一切事物运行的规律。

在中国的历史长河中，大家更注重的是以"人"为中心的研究，人与人之间的交往和关系，而事件的发生都源于"人"，"人"是动态的。我们老祖宗从"人"与万物关系入手，研究它们之间的相互关系和规律，研究的是本质，是上乘。

"道"是研究万物的，而万物是动态的、未知的，没有参考依据，所以"道"研究的是各系统里的规律，研究的是本质。对系统的认知越强、层级越高，对本质的把握越精准，思考越清晰、透彻。

"术"是研究事物本身静态的部分，有参考依据并通过分析和推理拓展深度思考，研究的是现象，是下乘。

很多人认为我们的传统文化更多是对"道"的研究，而缺少对"术"的研究。而我认为"道"是包含"术"的，"道"研究的"术"是万物的底层，是本质的部分，寻找的是规律。《易经》《黄帝内经》《道德经》等很多中国古典名著，本质上教大家的是一套系统的思考方法和思维路径。着眼于研究更大的系统及其之间的关系，洞察其本质，探寻背后的底层逻辑和万物本源，输出的是思维模式和思考方式。这些都属于非动态"术"的部分。

很多人说，"道"的理解只能靠悟，老祖宗留下的很多道理，只能意会不能言传，人的成长靠悟性。我认为，"道"可以表达得更清楚，并且其借助"术"的力量来完成。不是我们的祖辈没有传承，而是我们没有真正理解我们的传承。

最近有一句特别流行的话"升维思考，降维打击"，从系统的视角可以理解为，升维就是站在"道"的层面思考，降维就是要用"术"的方法做事，有"道"一定有"术"，两者都不可缺。"道"缺"术"是空想，"术"缺"道"是妄想。如果我们真的想理解古人的传承，一定要

从古人的视角理解，而不是从自己的视角理解。

2）小系统

从宏观层面，小系统大致可以分为自然系统、人工系统、复合系统等，还可以继续细分，如生态系统、组织系统、人体系统、计算机系统等。对小系统可以从万物的视角去理解。万物都是系统中的一个元素，最小到细胞、分子、原子。如果我们从原子视角理解系统，就会发现万物本身也都是系统。

4. 举例分析

例1：中、西医理解

从西医的角度，人是由运动系统、消化系统、呼吸系统、泌尿系统、生殖系统、神经系统、免疫系统、循环系统等构成的，各系统共同协调、相互作用。从中医的角度，人被分为五大系统——肝、心、脾、肺、肾，同时配合中医之五行、五脏、五腑、五体、五色，"天人合一"的思想，主要探讨生、长、状、老、已的生命规律。无论从中医的角度还是西医的角度都可以找到系统的路径，都可以看出系统的复杂性、动态性、多样性。

中医的治疗从来都不是头疼医疼、脚疼医脚，而是

通过"望闻问切"全面检查找到病灶，然后通过"天人合一"系统的治疗思想调理人体全系统，解决病灶，通过调理全系统而让各元素保持或恢复健康。调理全系统的过程是缓慢的。调理系统就相当于调理系统中的所有元素，也就是我们常常看到的，中医在治疗过程中，往往同时可以解决一些其他小病灶。中医是从本质上解决不良的现象和不良的习惯，这是一个治本的过程。

相反，西医则是哪疼治哪，只解决病灶本身。发烧就吃退烧药，胃疼就吃胃药。西医解决的是身体呈现出来的病症，但不解决系统问题，也就是不解决系统中其他元素的问题。这种解决病症的方式，相当于只解决现象而不解决本质，这是一个治标的过程。

从系统化思维的视角，更容易理解中医和西医的本质区别。中医和西医没有绝对的好与坏，只是解决病症的思路和方法不同。系统化思维方法可以更系统全面地看问题，客观合理地面对和解决问题。

例2：保健食品的理解

生病从来都不是一蹴而就的，所有的疾病都不是一天、两天形成的，而是长时间的不良习惯等慢慢导致的，

而最终呈现出来的只是我们看到的病症。每个人都在生、老、病、死这个不可逆的系统中，从出生开始就在生存系统中慢慢变老。保健食品是让我们能够保持人的全系统健康的一种方式。大家如果细心观察身边经常吃保健食品或有保健意识的人就会发现，这些人在35岁以后往往比同龄人更年轻、更健康。保健、养生从来都不是老年人的标签，应该是所有崇尚年轻、健康的人的标签。

保证系统中所有元素的健康，才能保证系统健康。全系统健康才能保证人的生活健康，经常食用保健食品是保证元素健康的方法。如何选择适合的保健食品？也可用系统化思维的方法，步骤如下：

（1）点状系统思维：找到保健食品本身的功能和作用（现象点）。

（2）线性系统思维：可以改善人体的哪些问题（关键元素）。

（3）全面系统思维：可以改善人体的哪个系统（关键元素的影响）。

（4）整体系统思维：改善这个系统会给人带来哪些其他的改善（全系统变化）。

（5）时间系统思维：从时间周期思考改善效果（结果评估）。

系统的呈现是千变万化的。我们只有先理解系统，知道系统是怎么形成和运转的，才能从系统的视角去思考，并长期训练形成自己的思考模式，再进行思考的系统化，进而形成系统化思维。系统化思维是我们思考问题的方式，是思考和解决复杂问题的有效手段。

5. 系统认知

想要学习系统化思维，我们就要对系统有全面的认知。系统由元素构成。同一系统至少包含两个不同元素，元素按照环形的连接方式排列组合。

1）系统的基本特性

（1）多元性，系统是多样性的统一、差异性的统一、规律性的统一。

（2）相关性，系统中的元素相互依存、相互作用、相互制约。

（3）连续性，系统中的元素以线性存在，环形构成。

（4）包容性，系统可以覆盖、交叉、平行、包含、兼容、独立。

2）判断系统的四要素

（1）相互依赖，若干组合。

（2）有机整体，无限运转。

（3）有始有终，形成闭环。

（4）是独立的、融合的、包罗的。

3）关于系统调整的关键思考

（1）能被系统拆解的主要元素为系统中的关键元素，关键元素影响系统存亡。

（2）除关键元素外，其他元素可被删减或替换，不影响系统存亡但影响系统存在。

（3）系统中的元素可增加、可换位，不影响系统运行，但影响结果。

从系统的视角看世界，现实世界的"非系统"是不存在的，构成整体却没有联系性的多元集是不存在的。系统是普遍存在的，从基本粒子到河外星系，从人类社会到人的思维，从无机界到有机界，从自然科学到社会科学，系

统无所不在。

（二）从自然科学角度理解系统化思维

1. 从大系统角度理解系统

系统化思维是复杂、抽象的思维方式。从系统的角度看，系统化思维可以包含其他所有的思维方式，而对越大的系统需要学习和掌握的知识和技能越多。每上升一个思考维度，难度都会倍增；同样每上升一个思考维度，系统化思维的能力也会倍增。跨维度的系统化思维能力提升，可以全面提升你的认知、能力和思维层级。

你认知的系统越大，对人生的理解就越接近本质和真相；对系统化思维理解得越深，系统化思维的能力就越强。学会从系统的视角提升思维能力，学会干预影响系统的运转，无限接近更大的系统，不断突破我们的认知边界，这可能是我们掌控人生的有效路径。

自然科学与社会科学、思维科学并称科学三大领域。自然科学是以定量作为手段，研究无机自然界和包括人的生物属性在内的有机自然界的各门科学的总称。自然科学是研究大自然中有机或无机的事物和现象的学科，包括天

文学、物理学、化学、地球学、生物学、数学等。自然科学简单理解就是研究自然现象的学科。自然科学最重要的两个支柱是观察和逻辑推理。由对自然的观察和逻辑推理自然科学可以引出大自然中的规律。假如观察的现象与规律的预言不同，那么要么是因为观察中有错误，要么是因为被认为正确的规律是错误的（超自然的因素不存在考虑之中）。

从自然进化的角度看，生态系统是我们最熟悉的自然系统，它承载着万物的生息。我们每个人都是生态系统中的一个元素，也是一个系统。系统化思维的研究以人为出发点，思考人与万物互相作用而形成的思维模式。万物进化学说源于英国生物学家达尔文于1859年《物种起源》中提出的进化论，其通过对动植物和地质方面进行了大量的观察和采集，猜测所有物种是由少数共同祖先经过长时间的自然选择过程后演化而成的。进化论也是一种规律的发现和研究。

万物中的每个个体都可以理解为系统中的元素，万物进化的过程可以理解为系统推进的过程。在系统推进的过程中，每个个体都会发生衍化。这种衍化不管是自然还是非自然，都代表了一种变化。这种个体的变化会引发整个

系统的变化，也就是万物进化的过程。系统会带动个体进化，个体本身也会进行自我衍化而推进系统变化。个体进化是为了保持系统活力，保证万物的正常运转。个体如果受损或消失，系统就会遭到破坏或消失。

2. 举例分析

例1：人体系统

人本身是由多个系统组成的，人体各器官相互运作形成一个统一的整体。除人体本身外，吃、喝、拉、撒、睡是人最基本的生存系统，上学、工作、社会活动等是人的生活系统。这些系统构成了人的全系统。身体是人体的本身系统，活下来是生存系统，情绪和心理需求是生活系统等，只有保证全系统都健康有序，人才能够健康生活。

人体是由细胞组成的。细胞受损会损坏器官，器官损坏会引起身体的损伤，进而破坏人体系统。人体系统被破坏，呈现出的现象就是生病，生病就会破坏人的其他系统。其中任何一个系统受到影响，都会导致人的全系统紊乱。生活系统紊乱会加剧人体系统损伤，人体系统损伤会影响生存系统。从这个过程中可以看出，系统和系统之间是相互影响的。

从人的进化角度看，人在自然死亡的过程中，从某个部位器官受损，发展到整体器官受损，进而影响到整个人体受损，才会到死亡。所有的疾病发展到最后都发展成并发症，也就是整个系统都受到迫害。单一的元素死亡并不一定构成死亡，只有人体系统死亡才是人的真正死亡。

例2：自然界中的生态系统

关于美国白头鹰濒临灭绝事件调查发现，导致大量死亡的一个关键原因是杀虫剂等化学品损害食物，影响其生殖能力，同时诱捕、猎杀、森林砍伐等现象都在影响白头鹰的生存系统，最终导致该物种濒临灭绝。后经政府干预，禁止使用杀虫剂，同时颁布了野生动物保护法，对白头鹰栖息地进行圈地保护，才使得白头鹰数量回升。

以上就是从系统化思维的视角来寻找问题的本质，通过解决系统中的两个关键元素，引发系统的自愈，让白头鹰的生态系统恢复健康，从而解决白头鹰灭绝的问题。

在这个例子中，如果我们只关注现象——白头鹰数量减少，从现象出发解决问题，通过人工繁殖，短期内也可能看到成效，但长此以往白头鹰依然会灭绝。系统化思维与传统思维的不同，在于解决问题的思考维度不同。

例3：计算机系统

计算机系统分为硬件系统和软件系统。硬件系统中的关键元素（部件）损坏，会导致计算机损坏；同样软件系统中的关键元素（程序）损坏，会导致计算机系统崩溃，从而导致计算机不能运转。计算机本身是一个整体，硬件的损坏会影响软件的使用，同样软件的损坏也会影响硬件的使用。

以上例子都可以说明，系统中的个体元素发生变化，会引发整个系统的变化，系统发生变化也会影响个体元素的存亡。我们进一步思考生物细胞的分裂、再生、更新的过程使生物的生命延续的问题。在系统中，个体元素进化、更新会促使整个系统正常或者更好地运转，同样个体元素的退化、改变也会使整个系统崩溃或消亡。从自然科学的视角更能深刻理解系统的形态，系统的静态是相对的而不是绝对的，系统中的元素本身也是动态的。

（三）从空间系统角度理解系统化思维

1. 科学视角

人都有认知。人类生活在三维空间，三维空间的生物是被普遍认可的，同时，四维空间的时间线是人类生活的

重要组成部分。零维到三维空间的介绍以视觉、听觉理解为主，三维空间以上介绍需要想象、感受、直觉等。零维点，一维线，二维面，三维体是静态说法；点动成线，线动成面，面动成体，若干点成线，若干线成面，若干面成体，这些是零维到三维的动态说法；四维空间及以上都是动态的。《宇宙哲学》对宇宙维度数的观点：空间三维、时间一维、物质一维，共五维空间。虽然说法不一样，含义基本是相通的。空间维度是大部分人普遍认知的，从空间维度能更好理解系统化思维。

2. 物理学视角

我们以空间维度作为系统化思维的思考载体，理解系统思维以及系统思维的升级与降级和系统思维的系统化。宇宙是由物质和空间维度决定的，而空间又分为不同的维度：零维表示单纯的一个点；一维只有长度，即线；二维表示平面世界，只有长和宽，即面；三维表示由长、宽、高组成的立体世界；四维空间表示三维空间加上时间；五维空间表示四维空间加上能量（五维空间暂且用认知比较多的能量维度呈现，便于我们理解更大的系统，认知更高维度的系统）。目前科学研究到十几维空间，六维及以上（N维）很难被认知和表达，这里不去追溯。

3. 空间维度视角

做成一件事必须满足天时、地利、人和这三个要素。其中，天时和地利指的都是环境，可以理解为环境和人决定了事件的结果，也就是事件的现象。系统化思维研究的是以人为中心，人、环境、事件本身以及三者之间的互动。人、环境、事件是系统化思维的核心三要素。

零维空间思考：认为人、环境、事件就是原本的样子，只考虑客观事实或信息，思维呈现出点状的形态。

一维空间思考：认为人、环境、事件是对或错的，或者从起点到终点、从终点到起点进行直线思考，只会双向思考，思维呈现出线性的形态。

二维空间思考：从人、环境、事件多角度进行全面思考，进行前后左右平面思考，思维呈现出全面的形态。

三维空间思考：从人、环境、事件多角度进行整体思考，进行立体空间内思考，思维呈现出整体的形态。

四维空间思考：对人、环境、事件基于三维空间，进行多维度的整体思考，呈现在时间线的状态。

五维空间思考：对人、环境、事件基于四维空间，进

行能量物质思维层面的思考，思维呈现出能量的状态。

*N*维空间思考：可以理解为不能够表达或者未知的部分，这里不做具体解释，只给出思考路径：当不能够表达以及将未知的部分转化为已知的时候，可以参考已研究证实的思考路径，但要保持空间维度的思考不断升级，即系统化思维的研究不限于现有的科学研究，现有的科学研究仅作为系统化思维应用的研究方法。

独立的人、环境、事件都是某系统思考的元素；每个空间维度都可以使用系统化思考；每上升一个空间维度，系统都在无限变大变多；每上升一个空间维度，就是思维空间维度的升级。高维度思考覆盖低维度思考，低维度思考构成高维度思考。

4. 从小系统角度理解应用

零维到三维空间的系统化思维是可以被描述的，也可以说是静态的，可以转化为工具和方法，且能被学习和训练。而四维空间及以上的大系统，我们目前只能认知或者了解，因为它们不能被具体描述，时间也是无限的，所以很难解释；也由于人们日常生活在三维空间里，所以对于四维空间以上的转化应用不具备实际意义。四维空间以上的系统化思维也可以理解为虚的状态。

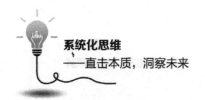

三、系统化思维的理解

（一）广义与狭义的系统化思维

广义与狭义是相对而言的。狭义专指某种含义或比较具体的思考，而广义更加宽泛，不涉及具体概念。广义的系统化思维可以包含你想到的和你想不到的；狭义的系统化思维是可以被认知、被理解的，这点可以从爱因斯坦相对论的理解思考。广义的系统化思维范围，如世界、宇宙、N维空间、能量磁场等，狭义的系统化思维范围，如人体、计算机、细胞等。

（二）系统化思维的复杂性思考

1. 从系统化思维内看

系统化思维包含各种思维方式，零维空间系统化思维即点状思维方式、一元思维、事实思维等；一维空间系统化思维即线性思维方式、辩证思维、横向思维、纵向思维、逆向思维、二元思维等；二维空间系统化思维即全面思维、链式思维、网状思维；三维空间系统化思维即整体思维、结构思维、金字塔思维、多元思维、发散思维；四维空间系统化思维即前瞻思维、回溯思维、时间思维。

以上分类对比，可以看出系统化思维的复杂性。系统化思维是一个庞大的体系，学习系统化思维可以从低维突破，也可以从高维切入。

2. 从系统化思维本身看

从系统化思维本身看，系统化思维受几个关键因素的影响：静态思维与动态思维以及正向思维与负向思维。静态系统中的元素都是静止的状态，它就在那里，只要我们看到系统，把元素呈现出来就可以。动态系统中的元素通过运动产生连接，形成新元素和新系统，需要通过各种方法推理、演绎、架构找到新元素和新系统。系统通过元素的运动而保持运转，系统中任何一个元素发生变化，系统也会随之发生变化。

系统化思维的深层研究，是研究动态中的静态，寻找系统运转的规律，也就是系统的本质。相对静态的部分，元素本身也是静态的。现实环境中的系统一定是动态的，但是我们可以调整静态的部分，也就是调整构成系统的元素。例如，当我们主动注入积极正向的因素或者消极负向的元素时，系统会因为我们注入的元素而发生正向或者负向的改变。

3. 从系统化思维外看

从系统化思维外看，系统化思维受几个关键因素的影响：进化思维与退化思维以及熵增思维与熵减思维。我们不得不从自然科学角度思考，自然是不可抗拒的存在，自然的进化或退化是不可忽略的一个部分。任何一个系统即使不做任何改变和干预，系统中的元素依然会自我进化或退化，进而影响系统发生变化。同样，元素的有序、无序，混乱程度变化，也就是熵的变化。也会导致系统发生变化。熵也是系统化思维不可忽略的要素。

4. 从系统视角看

系统之间可以是包含的、平行的、连接的、交叉的。万物都可以看成一个系统或者多个不同的系统，系统本身也可以看成元素，由元素构成的系统是动态的。当万物以元素的状态存在时，万物都是有生命的，这里的生命是广义的生命。从系统的视角理解万物的存在，一切的存在都是有原因的，是必然的，即"一切存在即合理，合理即存在"。

本章从不同的角度理解系统化思维，通过简单通俗的语言提升大家系统化思维的整体认知，因此大家对整章内容需要全部通读，才会有全新的认知。不是读懂一部分就可以理解，而是要读懂整章，深入思考理解其内容。系统

可大可小，可高可低；认知系统越大，维度越高，看事情就越精准！

四、建立系统化思维的统一认知

想表达清楚任何一个新观点、新体系，都要有思考过程，思考过程是整合统一的辩证过程。学习一套新的理论体系和观点，首先要理解其相关的概念和观点，然后把能够理解的部分转化为自己认知的内容，再通过已有的学习路径和方法消化为自己可以应用的方法和路径，才能建立自身的系统化思维。由于人的文化、语言、认知、习惯等不同，在将系统化思维转化为应用的过程中，首先要统一认知，然后建立统一的语言系统，最后形成自己的系统化的完善的知识体系。

（一）自我认知

1. 认知定义

通过心理活动，获取知识。

2. 元认知定义

对认知过程的认知。

3. 认知与元认知的关系

认知是元认识的基础，元认知通过对认知的调控促进认知的发展。

4. 自我认知定义

对自己的洞察和理解，包括对自己行为和心理状态的认知。

我们应从认知、元认知和自我认知三个角度客观正确地认知自己，每个人都有认知自己的路径，而我们往往最不了解的人不是别人而是自己。如果我们想了解世界、了解别人，首先要学会了解自己，建立客观正确的自我认知观。

5. 自我认知四层级

通过对正确定义的理解，反思自己的认知及认知过程。人的认知不同，认知层级决定了人的认知高度，认知高度不同导致人看到的世界也是不一样的。是否能够客观而正确地认知自己，决定了每个人的成长和成就。

1）未知的未知（不知道自己不知道）

"初生牛犊不怕虎"很好地解释了这个层级。当我们不知道自己不知道的时候，往往做事情是盲目的、蛮干的。人

的状态是无知无畏、敢冲敢做，不计后果。好的一面是勇于开拓，敢闯敢拼，不好的一面是目中无人，自以为是。

2）已知的未知（知道自己不知道）

这个层级是开启智慧的第一步，知道自己的不足，去学习、探索，做事情小心、谨慎、谦虚。人的状态是谦卑的，在思索中前行。好的一面是有目标，有计划，不好的一面是过于谦虚和谨慎，做事缓慢，没有结果。

3）未知的已知（不知道自己知道）

这个层级是开启智慧的关键步骤，不断地从学习、经验中思考成长，不知道自己知道是必经之路。人进入自主学习和成长阶段。好的一面是做事有目标，有计划，有方法，不好的一面是不断尝试，容易走弯路。

4）已知的已知（知道自己知道）

这个层级是开启智慧的阶段，人可以清楚客观地认知自己，做事情有目标，有计划，有方法，有结果。人的状态是积极、乐观、向上的。好的一面是可以掌控自己的发展，不好的一面是认知局限，创新局限。

自我认知四层级是层层突破、循环的过程。四层级不只是开始，也不只是结束，而是不断提升和循环的认知过

程。有的人一生也走不完一个思维循环，而有的人一生可以突破几次循环。每一次循环的突破，都是一次系统层面的提升，系统层面的提升和成长，是质的改变和飞跃。点状提升和系统提升就是量变到质变的过程。

上述观点可能与你的认知不同，但希望你能完整阅读本书，以便更深入地了解系统化思维的知识。

（二）环境认知

从文化、语言、思维、司法，以及中西方和整体等视角对比分析认知差异。

1. 文化

中国传统文化是以研究人为主导的感性文化，主要源于农耕时代，当时讲究天人合一，万物共处，和谐统一，是以中庸理念表达人对事物的态度。对中庸的解释很多，大都根据个人的理解而撰写释文，其实中庸的本质是相对的平衡。

西方文化是以研究事物为主导的理性文化，主要源于工业时代和近代文明，西方文化以研究科学和技术为特色，讲究创造价值，辩证事务的变化规律。

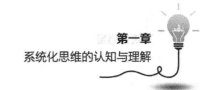

对于文化的理解，其实可不只局限于中西方文化。单单在我国各地区、各民族就有着多种不同的文化信仰，例如饮食文化中的八大菜系——鲁菜（以盐提鲜、以汤壮鲜）、川菜（醇浓并重、擅用麻辣）、粤菜（选料精细、恰到好处）、苏菜（讲究形色、保持原汁）、浙菜（清鲜脆嫩、原色原味）、闽菜（清鲜和醇、荤香不腻）、湘菜（油重色浓、煨功纯青）、徽菜（酥嫩香鲜、烧炖熏蒸），通过各地区人们对饮食的喜好，可以看出各地区文化的不同。

我们常说"一方水土养一方人"，这也是各地文化特征不同的显现。这种文化的不同，使得人们在看待人、事物上有着巨大的差异。中国人在解决问题时常把人放在第一位，更关注人情世故，而不是事件的结果。而西方在解决问题时常把事件放在第一位，注重事件的结果，而不多考虑人情世故。在企业管理中，西方的企业更注重流程、制度，而中方的很多民营企业的流程和制度形同虚设。世界各地的文化都有一定的差异，我们在很多方面都能看到差异的存在。

2. 语言

中国的语言文字博大精深，如象形文字起源于具体

事物的形象，随着社会发展，又补充了抽象字。从不同角度表达的汉字，都可能有不同的含义。简单的笔画构成了千千万万的汉字，有的汉字可以有几种解释，且还有广义、狭义之分。每一个象形文字都可以找到起源和衍化路径，都有自己的形成系统，可见中国语言文字的复杂程度。

西方的语言起源于希腊，主要来自拉丁语；西方的语言文字强调精准逻辑性，在使用的过程中形成了西方的语言文字体系。

语言的表达也代表思维的呈现。我们对每个字、每个词的理解不同，就会导致整句话意思的不同，甚至在语音、语调上发生变化，所要传达的信息也不一样。我们要理解一套新视角的知识体系，一定要精准理解每个定义的含义和对观点的解释。

3. 思维

文化是思维的基础，语言是思维的呈现，同时思维跟时代发展也有着非常紧密的关系。中国农业时代人们多是靠天吃饭，而西方工业时代靠科学技术发展。中国以太极阴阳、儒家的中庸、道家的"道"为主流指导思想，更关注思考人与人、人与万物的关系，以抽象思维、发散思维为主

要思考方式；西方更关注思考事情的现象和具象，以分析思维、逻辑思维、结构思维为主要思考方式。

思维方式的不同，会导致人的认知和行为的不同。我们既要有抽象发散的思维能力，又要有分析推理的思维能力。思维是语言表达的底层基础。我们要清楚地知道自己想的是什么，同时精准地表达出来。我们学习了很多知识，把所学到的知识转化为自己的理解，这个过程即思维转化的过程。

4. 司法

中国的司法观以情为基础，以理为本，以法为末，情理主义与德治主义是中国的文化特点；西方则以理为本，以法为用，以情为末，理性主义与法治主义是西方的文化特点。

司法是指运用法律处理案件一系列活动的依据。中、西方司法处理过程之所以不同，底层原因就是文化的不同、思维方式的不同、语言表达的不同，而呈现出了司法处理方式的不同。起点和终点是相同的，只是过程不同，即元素点是相同的，路径是不同的。

5. 中方角度的系统思考

中方文化以人为本，而人是动态的，很难被量化，

很难说清楚，所以我们的传承中留下了很多深刻的道理，却很少有具体的应用方法。我们把人看成系统中的基本元素，这个基本元素不断运动，不断发生变化，会引发更多的系统和系统的变化。以人为本的研究是多样的、复杂的，在这种复杂的动态中很难找到共性的具体方法，所以我们的传承中留下来的更多的是"道"。

在中国的很多优秀民营企业中，把人管理好了，事情自然就做好了。很多企业的管理问题都是管不好人，因为管不好人，事情自然也做不好，很多中小民营企业常常靠老板一个人支撑整个企业。在一个系统中，如果我们把动态的元素管理好，就会减少很多静态元素的产生，即把人的问题解决好，就会减少很多事情的发生。元素少，系统就简单，呈现出来的事情就简单。

6. 西方角度的系统思考

西方的传统就是研究事情本身，然后解决问题。我们把事情（客观现象）看成系统中的基本元素，这种基本元素是静态的，可以通过分析推理等找到很多解决方法，所以西方的传承中有很多经典的管理工具和方法。这些经典的工具和方法非常适合处理事情，但是不能用于处理人的问题。

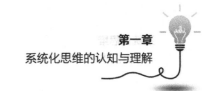

西方管理认为人和事情往往在一个系统中，事情处理好后，系统跟着发生改变，人的问题也会随之解决。我们在企业中经常看到，问题解决到最后，发现所有的事情都是人的问题。如果把人的问题解决了，事情自然就解决了。所以当我们不具备系统思考能力的时候，我们就会感觉，事情解决到最后都是人的问题。

人和事情在现实中往往是分不开的，都在一个系统中。如果我们想要快速解决问题，就要找到系统中的关键元素。如果想要更好地解决问题，就要保证系统中的所有元素都健康，以保证系统的健康。

当我们真正在处理和解决问题的时候，一定要系统化去思考，不能只考虑人，也不能只考虑事。

7. 整体系统思考

通常中、西方都有各自独立的思维系统，在各自的系统中，文化、语言、思维、司法等又都有一定的关联度和规律性。无论是中方还是西方，如果人们能够从更高的系统视角看世界，就可以更理性、更客观地处理事情，而不是只关注某个局部的发展。

在发展的过程中，人们可以优中择优，选择最合适的

方法，平衡整个系统。

（三）三观认知

1. 定义

世界观，是人们对整个世界的总体看法和根本观点。

人生观，是人们对生存目的、价值和意义以及生活方式的总体看法。

价值观，是人们在认识各种事物的价值基础上，形成的对事物价值的总体看法和根本观点。

三观是人的底层认知，指导着人一生的为人处世方式。如果我们了解每个人的三观，就会发现这个世界上没有三观完全相同的两个人。人在成长过程中，逐步形成自己的世界观、人生观、价值观，三观相互作用、辩证统一，形成每个人对世界的整体认知。

每个人的家庭背景、教育背景、社会经历、先天因素以及成长过程中各种不同的境遇等，导致认知、思维、心智、语言等各不相同。认知的相同就会导致三观不同，但在人的成长过程中，三观也会发生相应的变化。

　　人本身是动态的，人在成长过程中会不断发生变化。在这个过程中，世界观、人生观、价值观都会相应地变化。同时世界观、人生观、价值观是人的三个不同的认知系统，三个系统的基本元素都是人，人本身发生认知变化，三观也会受到相应的影响而发生改变。认知产生小的变化，三观就会细微调整；认知产生大的变化，三观就会发生重大改变，这种改变是元素本身发生变化，带动系统变化，而不是系统变化影响元素改变。当系统发生巨大变化时，元素的改变将是巨大的，也就是当三观发生变化时，人的改变将是巨大的。

2. 识别价值观的方法

　　对一些价值观的关键词进行排序，一定是从高到低或者从低到高的顺序。关键词越多，描述得越具体，就越凸显每个人不一样的地方。例如：

　　亲情、友情、爱情、相夫、教子、孝敬、目标、方向、业绩、效率、质量、产量、忠诚、能力、敬业、细节、自觉、公平、负责、素养、稳重、聪明、智慧、自律、自省、努力、节约、主动、诚信、善良、友爱、道德、团结、勇敢、爱国、宽容、勤奋、自由、平等、民主、公正、文化、乐观、坚韧、独立、积极……

每个人对以上的价值观关键词的排序是不一样的。通常仅选出10个关键词进行排序，就能看出很难有相同价值观的人。

生活中，很多时候夫妻之间因为价值观不同而发生冲突，这是正常的，因为没有价值观完全相同的人。如果你与伴侣前10个价值观关键词的排序都一样，那么恭喜你。请你珍惜，这个概率比中彩票难多了。

3. 价值观调整的四个步骤

价值观调整的四个步骤如图1-1所示。

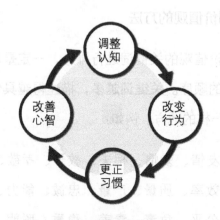

图1-1 价值观调整的四个步骤

调整价值观首先要调整我们的认知。如果认知发生变化，就会引发行为变化。新的行为成为习惯后，就会替代

旧的行为，从而建立新的心智模式，促进新认知的变化。这是一个循环系统，这个系统可以不断改进我们的价值观，优化我们的心智模式。

（四）语言认知

1. 语言系统的理解

语言是人们进行沟通的工具，能传递人们的思想，是一种音义结合的符号。语言是在特定环境中，为了生活的需要而产生的。每个国家、每个民族、每个地区都有自己的语言系统。语言可以分为口头语言、书面语言、身体语言等。语言是思维的呈现，语言对于思维表达是至关重要的。人们接收的信息通过认知形成思维，通过语言表达出来。我们要先统一语言，才能准确表达。

每个人在成长的过程中都会形成自己的认知、思维、心智。同一种语言，由于认知不同，表达不同，理解也各不相同。语言可以分为宗教语言、学科语言、组织语言等。想要理解和学习任何一种观点、理论等，都需要知道这个观点、理论形成的客观原因。这些客观原因，都是由语言表达或者语言文字呈现的。想有效学习这些观点、理论等，都要从了解语言系统开始。

2. 举例分析：语言系统

例1：老子《道德经》

要想知道老子《道德经》表达的真实含义，一定要了解老子本身的性格、思维方式、语言表达习惯等，还要了解当时的时代背景（朝代、国家、政权等），从客观的角度理解和分析。如果不是基于老子的真实情况解读《道德经》，那所有的解读都是解读个人的认知，而不是老子的真实表达。就目前的已知情况，现存的《道德经》很可能不是老子本人所写，我们就要了解创作者的真实情况和语言表达习惯，要了解古代的语言文字，客观地理解这些语言文字。只有这样才能真正懂得《道德经》所要表达的真实含义。当你想要选择读一本书时，最好看原文。如果看译文，还需要解读译文作者之意，否则，最终理解的内容很可能跟原文作者表达的内容千差万别。

通常人们在解读别人的观点或者理论后，需要通过自己的认知、转化、理解，才能表达出来。同样一本书，每个人的理解都会不一样。为了能够更清楚地表达新的观点和体系，需要不断地定义、解释，建立共同的认知，统一语言系统。要先让对方听懂，然后理解，再进行转化，最后应用。

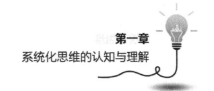

例2：宗教语言系统

每个宗教都有自己的独立语言系统，有独特的宗教词汇。当有宗教信仰的人跟你沟通的时候，你会很容易辨识他所信仰的宗教。这是宗教语言的魅力，通过同一套语言系统将很多不同国家、不同地区、不同种族的人"串联"在一起，使大家拥有同一种信仰。宗教信徒会每天诵经，通过不断强化语言，理解其语言含义，进而强化其信仰。

以上我们了解了语言的魅力，同时也得知言语也是需要理解和定义的。

3. 认识自己的语言系统

生活中经常有一些特别爱学习的人购买各种书籍，他们也经常出现在各种课程学习现场，他们常常四处奔波，忙碌。爱学习是好习惯，学习是成长的前提。我也曾经有到处学习的经历，真的冷静下来，发现能转化应用的少之又少，学了很多方法都觉得很好，但大部分不用或者不会用。

4. 将知识转化为应用的两类人

（1）有天赋的人，把学到的知识转化到自己的知识体系内，然后进行传播。

（2）花时间做刻意练习的人。

第一类人需要先了解自己的语言系统，把听到的语言通过理解和思考转换成自己的语言，再进行整理、记忆和表达，如此学习知识的转化率就会非常高。

第二类人，只要听懂了，肯花时间不断练习，一定会有所收获。如果学了很多东西，就要思考：是否应用了？应用了多久？只要把学了的东西不断加以练习，且在练习的过程中不断纠错调整，就会可以应用得很好。

5. 举例分析：将知识转化为应用

例1：知识的转化和应用

由于工作的特性，我养成了不断学习的好习惯。系统化思维可以让人吸收知识的速度越来越快，转化和应用的效率越来越高，因为找到了适合自己的思维路径。回溯过往的学习转化，我一直不太自信，总是觉得自己的记忆力不是很好。原因是，不管学习什么，纯理论文字性的东西都很难记住。一定要听完后，进行思考，将其转化成自己的语言，才能记住并且表达清楚。常常有人说我的语言表达力很好，其实是我的语言系统建立得好。

每个人都有自己的语言表达系统。当学习的时候，知

识通过大脑，转化成你理解的语言进行存储，当你需要的时候，大脑会自动提取你存储的内容。这些都属于理解能力的范畴，跟记忆是不完全相同的。

我们成年以后，会慢慢发现，很多事情都是真正理解后，才会去做好。

如果我们只是记住了而没有理解，就相当于上学的时候刷题，短期内有效果，长期没作用，属于治标不治本的做法。标是量的体现，量变上升到质变，才算理解。只有真正理解了，才能做好，做的过程中才会有收获。

例2：常有人说"上学没有用"

工作以后，常常能听到身边有人说，在学校里学的东西没有用，尤其是1980年前后出生的人，几乎没有多少人所学的专业跟工作是对口的。但当我们走向社会很多年以后，再看当初的一些学科的专业书时，就会发现书上的案例跟实际情况还是很相似的，只是当时刚走向社会，一脸迷茫，书上的知识不是用不上，而是不会用。

应试学习大部分人是靠记忆力而不是理解力完成。近些年，国家在进行一系列教育改革，"大语文"这个词不断被提及，其实就是要培养学生的理解能力，而不是死记硬

背的能力。理解能力就是要把学习到的知识转化到语言系统中，再用自己的语言表达出来，也就是理解了知识，只有理解了才能很好地应用，应用了才会有效果。知识是否有用跟语言的转化能力有很大关系，能够把知识转化成语言，知识才能被我们使用，这是有效的学习方法。

6. 语言转化的有效方法

（1）了解自己的语言模式。

（2）把学到的知识转化成自己理解的语言。

（3）整理语言并表达出来，支持行动。

（4）通过行动实践调整语言模式。

（五）认识系统化思维的语言系统

1. 情况分析

目前，在我国境内现有80多种语言。在我国南方的一个城市会出现好几种语言，即同一个城市，各个地方的语言都不完全一样，通常如果不是本地人都不容易听懂，同一语系的人能懂的可能性更大，由此可以得知语言的复杂性。如果想要学习一套语系，首先要建立统一的语言

环境。

2. 基础认知

系统化思维是思维应用工具，学习这套工具的基本前提是要理解系统化思维的语言系统，包括所有基本概念的定义、基础理论来源、内容表达的真实含义。每套语言系统都会具有指向性、逻辑性、描述性、习惯性等。学习任何已有的知识，都要先学习既有的语言系统，客观理解创作者所要表达的真实意图。只有正确地认知和理解，才能够转化和应用。为了能够更清楚、准确地表达这套系统，我们在学习的过程中会不断对一些关键词进行定义，强化认知，以便更好地理解系统化思维的语言系统。

3. 案例分析：性格测评工具

近些年，性格测评被越来越多的人接受并认可。目前，市面上特别流行的性格测评工具有几十种，如九型人格、DISC性格测试、MBTI职业性格测试、大五人格测试、性格色彩测试、艾森克人格问卷、卡特尔16PF、霍兰德职业兴趣测试、PDP性格测试、气质类型测试、RTC测试、北森人才测评等。每种性格测评的语言系统都是唯一的，但是不管学习哪一种，都要从始至终地学习，因为只

有精通，才能有效应用。

如果在团队中或者家庭中想要一起通过性格平衡的方式成长，那么大家就要学习同一种性格测评工具，即大家要在同一种语言环境下，让彼此能够听懂并且理解对方的语言，才能够共同学习和成长。

如果大家学习多种测评工具，就会造成语言系统混乱——对方可能不清楚你要表达的真实含义；可能造成语言冲突，因为各种性格流派，性格区分的角度不同，语言表达也不同。从性格测评这件事可能更清晰地看到，同一种语言系统多么重要。

古语有"对牛弹琴"，生活中我们也常常说"你不懂我"，其实就是语言系统不同。如果我们说牛的语言，牛就能听懂，或者牛懂我们的语言，牛也可以听懂。语言是很重要的，我们连别人的语言都不懂，怎么懂别人？别人都不懂我们的语言，怎么懂我们？

五、学习建立基础思维

每个人的思维能力都是全面的，只是在成长的过程中，需要学习的能力太多，会忽略很多与生俱来的能力。

被忽略的能力，由于不能够得到练习，时间久了就容易被遗忘在角落。思维的能力也是一样的，但是只要我们花些时间，用对方法做些练习，这些能力就会很快得到提升。

很多人认为系统化思维是最复杂的思维方式，在学习系统化思维的过程中需要刻意练习。本书提供了很多方法和学习路径供大家参考。在系统化思维建立的过程中，基础思维能力必不可少。如果基础思维能力不够，在学习系统化思维的过程中就会相对吃力。以下三个基础思维能力需要练习来提升。

（一）逻辑思维

1. 逻辑思维的理解

逻辑思维是思维能力中比较基础的思维方式，是一种理性思维方式。凡是规律的思维方式都可以理解为逻辑思维，这是逻辑思维的广义理解。演绎推理、抽象概括等逻辑形式是对逻辑思维的狭义理解。生活中，人们对逻辑思维的理解更多是狭义的。广义上，系统化思维也属于逻辑思维。

逻辑思维是以概念、判断、推理等形式存在，即以线

状、树状、网状等状态存在。在系统化思维中，会以线性思维、全面思维、整体思维和时间思维等形式呈现。逻辑思维的线性方式是最基本的思维方式，其从一个目标点出发，以并列、递进、二元等思维方式呈现。

2. 逻辑性思维的案例

把明天的工作计划列出来（销售员），有3种方式。

1）最简单的逻辑整理

（1）上午完成15个有效电话沟通。

（2）下午拜访2家客户。

2）增加难度，细化

（1）上午完成15个有效电话沟通。

①用电话方式开发5个新客户。

②用电话方式回访5个老客户。

③用电话联系5个销售客户。

（2）下午拜访2家客户。

①拜访1家新客户。

②签约1家客户，送合同。

3）增加难度，再细化

（1）上午完成15个有效电话沟通。

①用电话方式开发5个新客户。

②用电话方式回访5个老客户，回访内容：产品使用情况、新产品介绍、邀请新客户转介绍。

③用电话联系5个销售客户。

（2）下午拜访2家客户。

①拜访1家新客户。拜访准备：有意向购买，面谈促成，根据实际情况推荐产品类型。

②签约1家客户，送合同。

从最后一种可以明显看出，此种方式整理信息的能力强。逻辑思维的前提是要收集足够的信息，然后对信息进行整理、关联、排序、架构。

3. 逻辑思维的练习方法

（1）思维导图，是有效训练逻辑思维能力的很好的工具。

（2）顺序思考，任何一个思考过程都在脑海里进行排序、练习。

每当我们脑海里出现什么想法，以及要去完成什么事情或解决什么问题，我们都会在脑海里用1、2、3…的顺序进行整理，这样便于养成逻辑思考和逻辑表达的习惯。如果没有时间刻意学习，建议大家用上述第二种方法。这种坚持变成习惯以后，就会转变成你的思维模式。

（二）发散思维

1. 发散思维的理解

发散思维介于逻辑思维和跳跃思维之间，逻辑思维严谨地按照关系连接进行推进，而跳跃思维完全不按照关系推进，而以点状思考的形式进行。发散思维既要有关系的连接，又可以从线性思维的第一个元素点开始，到第二个元素点，再到第三个元素点，不断有关联性推进，同时也可以从第一个元素点到第二个元素点，又从第三个元素点开始，总之看似有关联性推进。

有些人在思维能力的训练上会觉得有冲突，比如刚刚提到的逻辑思维和跳跃思维，看似完全相反的两种思维

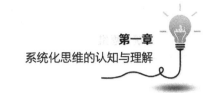

能力，从人的能力的角度而言，即使看上去冲突的两种能力，一样也可以通过刻意练习同时得到有效提升。

对发散思维简单的理解就是从点状思维不断向外扩散，能扩散的元素点越多，说明发散思维的能力越强。在工作和生活中发散思维通常用于创新，它是非常好的一种思考方式。发散思维主要有两种形式：一个元素点分散的形式和一个元素点裂变的形式。

2. 发散思维的案例

客户开发（销售）方法：

（1）收集客户名单。

（2）发传单。

（3）老客户介绍新客户。

（4）做广告、宣传。

（5）做直播。

……

开发客户是一个元素点，从这个点出发可以引出很多元素点。由上面这些元素点中的每个点都可以继续发散

思考，下面从老客户介绍新客户这个点继续发散思考。

（1）服务5年以上的客户通过服务关系介绍新客户。

（2）服务3年以上的客户通过好的产品效果和服务介绍新客户。

（3）服务1年以上的客户通过跟踪产品效果介绍新客户。

（4）服务1年以内的客户通过服务增值介绍新客户。

通过不断分散和裂变来发散思维，寻找更多的答案和可能性。

3. 发散思维的练习方法

1）头脑风暴

无限制地自由联想，天马行空地思考，有空闲的时候都可以想一个点，然后开始发散，不给自己设限。将这些发散思考得到的元素点，进行整理、分析，找到有价值的元素点。这种思考方式可以充分发挥自己的想象力，不断训练自己，时间久了就会形成自己的发散思维路径。

2）线性思考法

从元素点开始通过推理或者演绎，不断延伸思考。

也可以从元素点出发不断地发散思考，发散出更多的元素点，再由各元素点出发持续不断地发散。不断训练自己这种思维，时间久了便会形成网状思维，也就是发散思维路径。从点状思考延伸到线性思考，再拓展到网状思考，最终呈现出发散思维的模式。

（三）抽象思维

1. 抽象思维的理解

抽象思维是在线性思维、全面思维、整体思维之上，抽取事物的本质和共性，再进行概念化。抽象思维是比较难的一种思维方式，需要我们在现有的思维上进行重新整理和构建。

抽象思维能力需要形象力、空间力、想象力等，通过自身的思维模式完成思考的过程。抽象思维需要在线性思维、全面思维、整体思维基础上发现基本元素点，找寻其共性特征，也就是相关元素点，再重新构建思考体系。

抽象思维从系统化思维的视角说明相对比较简单，即抽象思维就是系统化思维升级和降级的过程的产物，后面内容会详细介绍点性思维、线性思维、全面思维、整体思

维的升级和降级的过程，这些思维过程中的重新提炼和整合，就是抽象思维的过程。

2. 抽象思维的案例

西瓜、梨、草莓、枇杷、圣女果、樱桃、火龙果、苹果、杏、猕猴桃、柠檬、山竹、百香果、杧果、水蜜桃、李子、山楂、葡萄等，这些统称水果。

当看到这些水果名称时，我们脑海里可以分类整理出以下概念，这种能力就是抽象思维能力。

（1）温性水果：樱桃、杧果、水蜜桃、李子、山楂。

（2）凉性水果：西瓜、梨、草莓、枇杷、圣女果、火龙果、猕猴桃、山竹。

（3）中性水果：苹果、杏、柠檬、百香果、葡萄。

很多事，我们虽然没有经历过，但是看到过。我们要学会把未知的变成已知的，把已知的变成自己可用的。抽象思维更多的是我们没有实际体验过，但是在脑海里可以对具体的现象进行推理、概念化、结构化的一种思维方式。虽然没有体验过，但是我们完全可以通过这种思维方式让自己增加更多的见识。

抽象思维也称逻辑思维，但抽象思维更侧重不具体、不明确的思维视角，通过已知的现象提取规律或概念化信息，即它可以快速在众多复杂的信息中，提取规律和关键性信息。系统化思维也属于抽象思维的一种。

3. 抽象思维的练习方法

1）重新定构原有逻辑

重新定构是指可以看到自己原有的逻辑思维视角，但尝试跳出原有的逻辑思维视角，从其他视角重新进行逻辑架构和推理。重新定构也可以理解为从一个目标出发整理出推理演绎过程，再分解目标继续推理演绎的过程。即将大目标分解出的若干小目标整理出新的逻辑思考，再反推整理出大目标的逻辑思考的过程。这些重新整理出的逻辑思考过程都是抽象思维的过程。

2）抽离角色

当看到一件事情时，我们通常会从自己的视角先思考，其实还可以从对方的视角、第三方的视角等看一件事情。从不同的视角看一件事情，通常会得到不同的结果。经常训练抽离角色的过程，把自己抽离出来，通过想象力进行推理和演绎，也是抽象思维的训练过程。经常从不同

的视角看问题，会得到更多的信息，而且多系统地思考问题，可以得到更准确的结果。

随着科学技术的飞速发展，各领域专家们研究出很多有效的工具和方法。我们只需在这些工具和方法中找到适合自己的，然后精深地学习。在学习的过程中，可以根据自己的喜好，设定自己的思维路径。只要能够达成结果，这种方法就是好的。

我们不需要学习很多种方法，选一种方法进行精深学习和研究，对于个人成长。

逻辑思维是思维的基础，发散思维便于我们收集更多的信息，抽象思维是在这两种思维的基础上把已知现象系统化的过程。以上三种思维能力是学习系统化思维的基础思维能力，也是每个人都可具备的能力。我们要不断训练强化这些基础能力，为学习系统化思维做好储备。

第二章

系统化思维的
方法与路径

下面介绍学习系统化思维的关键步骤：

（1）掌握基本的概念和定义。

（2）理解系统思维和系统化思维。

（3）用自己的思维视角和语言系统学习和运用系统化思维。

（4）实践和应用系统化思维。

（5）在处理事件过程中反思，进行系统化思维。

（6）找到适合自己的方法，形成自己的系统化思维。

一、从空间维度学习系统化思维

（一）零维空间系统化思维——点状思维

1. 定义

零维空间系统化思维：点状思维，指将人、事物或环境理解为客观事实。

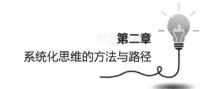

2. 方法

首先，明确客观和主观的意思。主观，指被人的意识所支配的一切。客观，不依赖于人的意识而存在的一切事物。现实情况中，主观和客观不能被完全割离，人也不能做到绝对客观，应尽可能地保持客观状态。

其次，学会区分客观和主观。客观看问题，即保持事物本来的样子，不经过任何修饰及感情色彩。人需要不断觉察自己的主观和客观意识，提醒自己尽可能不带有任何主观色彩看问题。对主观和客观的理解越准确，对人、事、环境的分析、判断就越准确。

点状思维的元素点决定了整个系统的起点。如果起点时思考有偏差，随着点、线、面、体的持续推进式思考，就会对系统产生影响，即每推进一个空间维度就会更加偏离真相，所以点状思维的起点非常重要，其决定了整个系统化思维的准确性。

3. 升级思考

这里的点状思维是指将客观事实真实呈现。人们所看到的、听到的、闻到的，只要是一个客观事实点，都可以看作点状思维的思考元素点。

现实生活中，人们所发现的客观事实往往并不是事物本质，而是呈现出来的现象点，还要通过已知的现象点找到本质的客观事实，才能看清事实。如果我们找到本质的客观事实，还可以再升级思考，继续追寻根源，这个追寻似乎没有尽头，追寻得越深入，对系统的影响越大，距离所要找到的真相越近。

4. 思维路径

点状思维中基于点的客观事实，随着事态的发展，会发生变化。每变化一次就会形成一个新的客观现象点，所有这些客观现象点汇聚成线，就成为一维空间线性思考，此时也可以理解为点的动态运动形成线的路径，也就是零维升级为一维的系统化思维路径。

5. 看到或听到就想到结果（举例说明）

生活中，常常会看到如下现象：

（1）听到孩子哭，就认为孩子饿了。

（2）听到有人嚎叫，就认为被抢劫了。

（3）看到婚车，就认为有人结婚。

（4）看到业绩低，就认为员工努力不够。

以上这些常见的现象，大部分是处于点状思考的状态，即只通过一个现象点来判断一件事情的原因，推敲事情的结果。我们看到的现象往往离真相很远。如果不能全面系统地看待问题，那么只能离真相更远。点状思维的思考一定要从客观现象开始，但是不能在点状思考中结束，需要由点状现象点引发线性思考、全面思考、整体思考以及系统思考等更多可能的思考。

（二）一维空间系统化思维——线性思维

1. 定义

一维空间的系统化思维就是线性思维，也就是客观事实的点发生了变化，每一次变化就会变成新的客观事实的点，与客观事实的点相关联的所有点构成线，同时线性思维思考路径也是一个或多个系统。

2. 方法

点状的客观事实发生变化或者受其他影响发生变化，产生了新的客观事实，变成了新的点，新的点又发生变化或者受其他影响，再产生了新的客观事实，以此类推，出现很多新的点，组成了线。我们从第一个点的客观事实（也称元素点），不断挖掘与之相关的可能的线性思考。

只要是元素点的客观事实本身发生变化或者受其他影响而发生变化引发的线性思考都可挖掘，可以是上下，也可以是左右，凡是符合线的运动的思考方式，都可以理解为线性思维。

生活中经常会说对、错，对、错就属于典型的线性思考。在理解对错的问题上，一定要先明白绝对和相对的意思。相对是指有条件的、暂时的、有限的；绝对是指无条件的、永恒的、无限的。有对才有错，有错才有对，对、错在一维空间里是相对的。如果深度思考生活中所面对的人、环境、事件，就会发现一切都是相对的。我们所看到的客观事实，都是有前提条件才会呈现出来的。当人们遇到事情的时候，只要有预想，就一定会有结果，这类思考运用的都是线性思维。

儒家学说"中庸"理论，很多人理解其为不偏不倚、折中调和的处世态度。中庸之道一直是中国传统文化的重要部分。如果从系统的视角看万物、看世界，那么对中庸之道准确的理解就是平衡。人生是一个选择的过程，也是一个平衡的过程。所有的选择都不是完美的，每一次选择都有利有弊，所有的选择都是在做人生的平衡之术，中庸要在系统化思维中思考。选择是一种线性思维方式，而平衡则是系统化思维方式，在系统化思维的背景下，中庸是

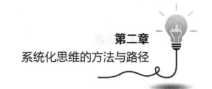

符合"天人合一"理论基础的。

"鱼和熊掌不可兼得"通常指在选择的过程中，两个对立的选项不能同时得到，一定要有取舍。因为在同一个系统中选择的时候一定会有立场、有前提，所以鱼和熊掌只能选一个，不能同时得到。其实，要同时得到鱼和熊掌也不是完全不能实现，如果想要都得到，就需要在两者间平衡，对两者都做部分取舍。在取舍的过程中，从系统化思维的视角可以合理平衡其中的利弊，在可接受范围内，同时得到鱼和熊掌。

3. 升级思考

在从点状思维到线性思维的过程中所产生的信息和数据越来越多，甚至以倍数增长。从思考客观事实的元素点到线性思考，是由客观事实引发的过程。我们尝试深入思考，先找到线性思考的轨迹，再从其中的其他客观事实点入手，追溯客观事实。如果我们能够追溯到相同的客观事实点，就是在从现象追溯本质，那些相同的客观事实点就是我们要找的事物本质。

4. 思维路径

线上所有点的变化，都会引发线的变化。因为所有线

的路径汇集成面，线的路径中包含了点的呈现，所有的线形成了面的路径。也可以理解为多条线组成的路径或者线的动态运动路径形成面的路径，也就是一维升级为二维的系统化思维路径。

5. 非黑即白的思考方式（举例说明）

生活中，会看到下列现象：

（1）只有学习好，将来才有好工作。

（2）喜欢阅读的人，才能学习好。

（3）上班聊天，会影响工作绩效。

（4）听话的员工，才是好员工。

在生活中，我们常会遇到使用非黑即白的思考方式的人，即一定要在事情上分个对错，有个结果。这种思维模式通常处于线性思维的状态。

（三）二维空间系统化思维——全面思维

1. 定义

二维空间的系统化思维就是全面思维，是指由初始点的客观事实发生变化的路径形成线性思维，线性思维中所

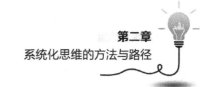

有的点的客观事实构成全面思维。这个"面"本身也是一个系统或多个系统。

2. 方法

线性思维的静态呈现，会聚集成面。我们从元素点不断挖掘与之相关的线性思考，线上的所有的点的变化都会引发线的运动，线状的动态思考形成全面思考。在从点到线再到面的思考过程中，所有的信息都构成了全面思考的数据，思考的面在不断扩大。点构成线，线形成面，都可以理解为全面思维。

3. 升级思考

从线到面的信息也是倍增的，在这过程中会收集更多与点、线相关的信息，形成全面信息。同样，从全面思考往回追溯。从点到线到面，再从面到线到点，其实是一个相互印证的过程。

4. 思维路径

点的动态引发线的动态形成面的状态，多个面就会形成体。每个面的运动的路径汇集成体，面的运动路径中包含了点的静态呈现与动态路径，以及线的静态呈现与动态路径，所有面的动态形成了体的路径。也可以理解为面的

动态运动路径就是面形成体的路径，也就是二维升级为三维的系统化思维路径。

5. 认为存在的就是合理的思考方式（举例说明）

生活中，常常会看到如下现象：

（1）认同人应活在当下。

（2）理解有宗教信仰的人。

（3）不带有色眼镜看人。

（4）认为存在即合理。

在生活中，有一种人，不管你表达任何观点，对方都会表示理解或者认同。这类人通常可以从不同的角度理解和看待问题。这种多元化思维模式的人，通常处于全面思维的状态。

（四）三维空间系统化思维——整体思维

1. 定义

三维空间的系统化思维就是整体思维，客观事实的点发生变化的路径形成线性思维，线性思维构成全面思维，产生的所有面组成了体，同时要能够看到高度和深度。这

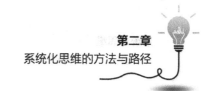

里的高度和深度指的是其他的所有可能性或者跟客观现象存在的点、线、面相关联的全部信息，也就是整体思维，整体本身也可以理解为多个系统。

2. 方法

整体思维属于结构化的思考，从客观事实的点到线再到面，所有信息的汇总最终形成体的全部信息。体的思考方法可以是结构化的、逻辑性的等，也可以从视角、层级、空间等不同角度进行思考。

3. 升级思考

这里的体可以理解为三维体，也可以是多个三维组成的体，或者理解为跟元素点相关的体的信息的呈现。

4. 思维路径

点的动态引发线的动态，线的动态引发面的动态，面的动态形成体的状态。每个面的运动路径汇集成体，体的路径中包含了点的静态呈现与动态路径、线的静态呈现与动态路径以及面的静态呈现与动态路径。所有体的静态加入时间线，也可以理解为每个体的信息在不同的时间段所呈现的不同状态，也就是三维升级为四维的系统化思维路径。

065

5. 多维度的思考问题（举例说明）

生活中，常常会看到如下现象：

（1）深度思考问题，挖掘本质。

（2）设定不同的角度和维度看问题。

（3）设定观点才会找寻答案。

（4）根据不同的环境、情景等分析问题。

生活中，我们身边总有一些人有不同的观点，或从情境中思考问题。他们更容易从更多的视角更全面地看问题，这些人通常处于整体思维的状态。

以上是零维到三维空间的系统化思维的介绍，但没有介绍特别具体的某一种方法，对特别具体的某一种方法研究的人很多，大家可以从很多渠道学习和了解。本书只是介绍系统化思维方法的思考范围，即凡是符合系统化思维的定义或方法的都统称为零维到四维空间系统化思维的方法。如果想把系统化思维学得精深，就需要研究所有的思维方式和此体系涉及的所有理论。

系统化思维是专家的思维方式，专家一定是其专业领域里优秀的人，知道普通人不知道的，能解决普通人不能

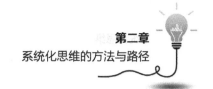

解决的专业问题，在专业领域里有一定的研究方向和学习深度。如果不是某个领域的专家，但通过系统化思维的思考方法和思维路径，也能快速地收集相关信息，并找到有效信息和关键信息。

每个空间维度的系统化思维，所关注的关键点都是不一样的，且每个空间维度思考的关键点都是非常重要的。每个空间维度的系统化思维方法不能以好坏、对错而论。大家在学习的过程中可以结合自身的优势和习惯，选择适合自己的方法。只要能够精通1~2种空间维度的系统化思维的方法，就会有非常明显的效果。

系统化思维的思考方法和路径是质变级别的，而每个空间维度的具体思考方法是量变级别的，量变是质变的基础，质变是量变的结果。思维实现量变到质变的过程就是思维升级的过程，也是量变到质变不断精进的过程。

（五）系统化思维模型图

1. 图形说明

系统化思维模型（见图2-1）基于个人思考视角，把任何一个单独的个体（包括人、事、物等）都可以当作一个思考元素点，通过点、线、面、体的思考模式进行不断升级与降级，是系统化思维的思考过程。

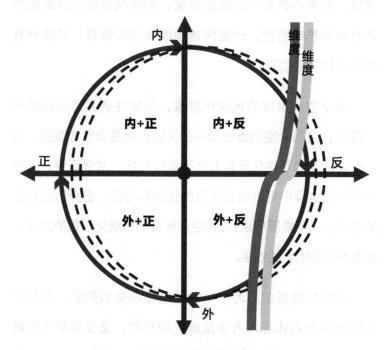

图2-1 系统化思维模型

（1）中心点：元素点，可以是任何一个个体、现象点、事件等，符合点状思维的思考模式。

（2）横轴与纵轴：两组关键元素，一定是相呼应的或相对立的两组数据，符合线性思维的思考模式。

（3）圆形图与箭头：前面过程中产生的点状信息构成系统思考，符合全面思维的思维模式。

（4）虚线圆形图：可以从不同角度形成逻辑推理闭环循环，形成多个全面思考系统，符合整体思维的思考模式。

（5）维度线：从不同空间维度的思考，比如四维的时间线、五维的能量线等，符合更高维度的空间思考。

每个人在遇到事情或问题时，一定要进行思考。如果我们想要得到合理的结果，就需要学会系统化思维的思考方式。我们遇到的任何事情或者问题都可以用这套思考方法进行处理。

2. 具体思考流程

1）升维思考

（1）把事情或问题聚焦或调整为点状信息，确定元素点。

（2）将元素点做延伸思考，找到由元素点引起的线性思考。

（3）在众多的线性思考中找到相呼应或者相对立的两个思考角度。

（4）整理线性思考的信息，在众多的信息中找到可以形成逻辑推理闭环的线性思考。

（5）两个思考角度和闭环线性思考的交叉信息，则为思考过程中的关键信息，也就是关键元素。

（6）加入不同的思考维度，观察信息点和关键信息的变化，产生新的系统化思考；每增加一个维度，就需要进行新一轮的系统化思考。

在系统化思维的过程中，我们可以找到跟元素点相关联的所有信息，同时可以找到系统中的关键信息。要严格按照点状思维、线性思维的思考方法进行。当升级到全面思维的时候，如果不能够完成线性的思考闭环，那么说明信息出现偏差或者过程中出现问题，结果一定不是我们想要或者是不够准确的。当遇到这种情况时，我们可以重新进行整理。完成线性的思考闭环是完成自我系统化思维的必经路径。

当我们遇到事情或问题时，很多时候不能准确找到元素点。我们找到的元素点可能是我们认为的元素点，也就是我们常说的现象，而我们需要找到的是本质点，找本质点的过程就是系统化思维的降维思考过程。

2）降维思考

（1）把事情或问题的一种现象作为元素点进行升维思

考，升维思考后我们会得到很多元素点。

（2）把收集到的元素点重新进行整理，找到可以形成闭环的线性思考。

（3）在形成闭环的线性思考中找到重复的元素点，重复的元素点就是关键信息。

（4）通过逻辑推理从线性思考的关键信息中找到本质点。

降维思考是透过现象找本质的最好方法之一。升维思考和降维思考是相互验证的过程，这个过程也构成一个系统。在思考过程中，要避免元素点或过程出现偏差或错误。

（六）系统化思维模型——个人成长

1. 图形说明

人类生活在地球上，一切事件都是从人开始的，其所看、所听、所有认知都是由人本身引发的。每个人知道的事物，都源于这个人自己。从人类自己的视角看，人本身才是万物之源。

个人成长系统化思维模型基于个人视角，关注个人成长，如图2-2所示。该图以人为中心要素，结合系统化思维的核心要素——环境和事件、人的关键成长因素、学习指标、人生的时间线等处理事情。

（1）中心点：元素点，代表人本身，可以理解为自己或者他人。

（2）横轴与纵轴：两组关键元素，横轴代表人的一生所学的知识和获得的信息；纵轴代表人的一生所处的环境或遇到的事件、人生的成长经历和过程。

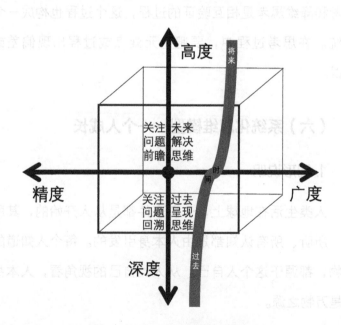

图2-2　个人成长系统化思维模型

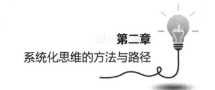

人从出生到死亡是一个持续成长的过程。个人成长主要取决于学习的能力，这里的学习包括狭义和广义的学习。狭义的学习是指通过阅读、听讲、研究、实验、探索等途径获得知识或技能的过程；广义的学习是指人在生活中获得的各种信息，在成长中获得的各种经验。从广义的视角理解，我们每时每刻都在接收信息，接收信息也是学习的过程，人的一生都在学习中度过。图2-2的横轴是学识收获的过程，以深色点为基本点，用广度和精度做呼应。

生、老、病、死是人生的自然规律，是每个人都要经历的过程，这个过程不可逆。悲欢离合、丰功厚利都记录在这个过程里。生命是短暂的，我们要让生命精彩，优化生命系统中的每一个元素，让短暂的生命更有价值和意义。纵轴是记录人生的过程，以深色点为基本点，用高度和深度做呼应。

（1）关键信息：图中的词语是整理出的关键信息。

（2）维度线：时间维度。时间在这里只是一个参考维度，作为一个元素值。

在图2-2中还可以加入五维能量，以及六维、七维等，以此类推，甚至可以加到N维，构成有更多维度的空间模

型。这些都是从物理的状态呈现的，图中的点、线、面、体都可以是系统，可以无限大，四维以上更要靠想象和感受呈现。想象力越强，感知越强，对空间维度的理解就越深。

2. 图形理解

整张图（见图2-2）是一个空间维度的物理呈现图，是由零维到四维空间组成的，而空间维度系统化思维的路径由以下步骤构成。

（1）元素点。点可以看成人、事或环境本身，即客观看待人、事或环境静态的事实呈现。

（2）点动成线。点动一次，也就是人、事或环境的客观事实变动一次。变动多次，就会形成很多点，进而呈现出线的状态，也就是变化产生的路径，构成了一维空间的线性思维。它包含了零维空间的静态思维和动态思维。

（3）线动成面。线上的每一个点运动，都会带动整条线的运动，也就是会产生额外的多条线性路径，路径的不断变化形成了面，即构成了二维空间的全面思维。它包含了零维和一维的静态思维和动态思维。

（4）面动成体。点的变化带动线的变化，从而形成很

多面，面组成了体，即构成了三维空间的整体思维。它包含了零维、一维、二维空间的静态思维和动态思维。

（5）时间维度。立体空间是指地球的物理状态，在这种状态的基础上，加入时间线，如一天24小时，一年365天等，每一个时间点上的呈现都会不同。这种加入时间而产生的变化就是四维空间的时间思维，它包含了零维、一维、二维、三维空间的静态思维和动态思维。

拓展部分：继续加入能量，能量是摸不到、看不到甚至感受不到的物质，但物理学证明了能量的存在。能量有很多种，这里不做过多的介绍，只作为一个思考的维度。在四维空间系维化思维的基础上加入能量，会有怎样的变化？对于五维空间基于能量的思考是不是还可以做更多的探索？这里给大家留一个思考的角度，去探索更大的系统。

以上从零维到四维空间系统化思维的思考路径，还可以继续上升到五维、六维……N维空间，以此类推，不断增加思考维度。加入维度因素，不仅能使我们的思考范围扩大，而且随着思考层级的上升，能让我们不断突破原有的认知边界，从而实现系统化思维的不断升级。

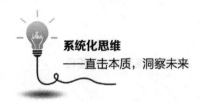

3. 从个人成长的视角理解系统化思维模型

前面所述的图2-2的中心点代表个人的当下状态；横轴代表个人学习内容的广度和精度；纵轴代表整个人生经历的高度和深度。加上时间线，人生的现在、过去和将来，构成了整个立体动态的个人成长四维空间世界。

这个世界上没有完全相同的人或者人生经历，个人成长系统化思维模型是每个人都应思考的，思考自己的过去，寻找真实的自己，了解自己的根源，结合已知的自己，准确地思考和定位自己的人生。同时可以畅想未来，寻找更优秀的自己，给未来找到一个方向，设定一个目标，找寻一个更适合的成长路径。

个人成长系统化思维模型从自身出发，思考自我与自我的关系，自我与他人的关系，自我与社会的关系，自我与环境的关系，自我与国家的关系，自我与世界的关系，从而逐步深入探寻自我与万物的关系。大家可以试着思考柏拉图的终极三问：我是谁？我从哪里来？我要到哪里去？每个人终其一生都要面对这三个问题。系统化思维模型可以解释这三个问题，还可以深入探究下去，如人类的发展过程、万物的发展过程等，也可以更深入地追溯本源，探索与自己有关的一切。

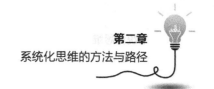

利用个人成长系统化思维模型可以更有效地思考人生，学习知识，提高认知。每个运用该图的人得到的都是关乎自己的系统化思维路径，但每个人得到的答案各不相同。横轴向右延伸得越长，说明认知越广泛，代表其知识的储备和系统的能力越多；向左延伸得越长，说明其认知越精深，代表有很好的专业性和判断能力。纵轴向上延伸越长，说明其前瞻的意识和能力越强，代表有远见和先知的能力；向下延伸越长，说明很好的回溯的意识和能力越强，代表有溯本求源和反思的能力。

横轴和纵轴的关键元素缺一不可，而系统化思维可以让我们更全面地看待问题，更准确地找到问题的关键元素，从而提高我们对问题的判断和决策能力。

其实图2-2中的时间线可以让我们的思维无限延长。对于过去，可以追溯到我们的祖先，对于未来，可以追溯到我们的后代。家族系统、家庭系统，包括作为个体的我们，都是系统中的一个元素。我们可以把自己作为关键元素，关键元素可以推动整个系统的进化，就如老话"一人得道鸡犬升天"所蕴含的道理一样。

图2-2中横轴和纵轴向外延伸得越长，代表系统思考的规模越大，一个人对过去的认知越深刻，对未来的判断就

越精准。从我们来到这个世界，睁开眼睛的那一刻开始，所有经历的过去都是对未来的积累。每个人都在一个完整的人生中一步一步前行，未来的路对于我们自己都是未知的。

个人成长系统化思维模型基于个人成长视角，其中有两个重要的思维能力——前瞻能力和回溯能力。前瞻能力强，说明其有远见，可以更好地洞察未来；回溯能力强，说明其反思力好，可以更好地认识自己。我们应关注过去，展望未来，调整当下的自己，既能看清自己，也能看清人生，还能看到我们的传承和未来。

4. 延展应用

个人成长系统化思维模型还说明个人成长可以有升维和降维两个思考路径。

（1）升维思考：以万物为原点。万物泛指一切，可以是人或物，符合单一元素都算。其中的人可以是自己、孩子、丈夫/妻子、朋友、同事等，物可以是没生命的物体或有生命的动物。

（2）降维思考：以某一个现象或结果为原点，现象或结果可以理解为事件或目标等，以呈现出的一个点状信息

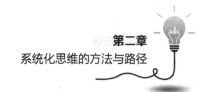

为起点。

个人成长系统化思维模型中的四象限，可以作为思考载体，它可以以人、问题、目标、事件、事物等为出发点，而任何一个点状信息都又可以作为出发点。选择好出发点，确定横轴和纵轴的关键元素就可以勾画出四象限系统化思维模型，其中的关键元素也可以以维度的形式出现，不断加入维度元素而实现系统升级。

关键元素设定方法：

（1）与元素点相关的目标或核心元素。

（2）决定系统存亡的关键元素。

（3）元素点所在的系统中重复出现的元素。

（七）系统化思维模型应用实践——四象限时间管理法

系统化思维模型可以应用在很多方面，下面介绍四象限时间管理法（见图2-3）。

统化思维
——直击本质，洞察未来

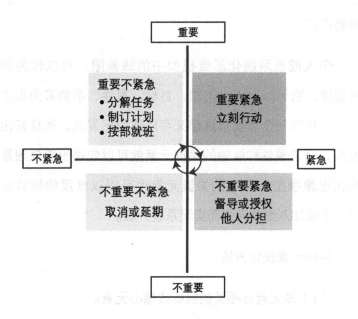

图2-3 四象限时间管理法

具体思考流程如下：

（1）把时间管理作为元素点。

（2）对时间管理做延伸思考。对于时间管理，通过线性思考会找到很多相关联的元素信息，做好时间管理有助于提高工作效率、养成良好的习惯、减少浪费等。

（3）在进行线性思考的过程中，通过将元素整理分类，确定重要和紧急两个思维视角。

（4）通过四象限时间管理的形式完成全面思考和线

性思考循环，其中全面思考的内容为重要紧急、重要不紧急、不重要不紧急、不重要紧急。线性思考循环的内容为：先做重要紧急的，接着做不重要紧急的，再做重要不紧急的，最后做不重要不紧急的。按照事情出现时间的顺序遵循四象限法则进行时间管理。

四象限时间管理法的流程只用到了系统化思维模型中升维思考的四个步骤。在实际的生活和工作中，对系统化思维模型要活学活用，要根据事情的复杂程度确认使用的具体流程和步骤。

二、系统化思维的多维理解

（一）系统化思维的升维与降维

点状思维、线性思维、全面思维、整体思维本身都可以理解为系统化思维，点、线、面、体的升级也是系统化思维的升级，同时也是路径。在生活中，总有一些人特立独行，在众多人中脱颖而出，其能迅速地找到事件的关键信息或发现本质，说明这些人通常处于系统化思维的状态。

　　零维到三维空间系统化思维，就是从点状思维到线性思维、再到全面思维最后到整体思维的一个上升过程，是递进关系。点一定成线后，才能成面、成体。在系统化思维里，它就是一个空间维度系统思考的升级路径。同样，三维到零维空间系统化思维，也就是从整体思维到全面思维、再到线性思维、最后到点状思维的过程，这个相反的路径也是成立的。这样的一正一反，形成了辩证统一的、相互印证的思考过程。

　　生活中，我们分析问题的时候，应从元素点开始思考，然后升级到整体思维。当需要判断问题的时候，我们要从整体思维一层层下切找到点状信息，从而追溯到本质点。生活中，我们常常看到的很多现象点，往往都来源于一个本质点，即由一个本质点不断变化而衍生出众多现象点。如果看到现象只处理现象，很可能不能解决问题，甚至还会导致问题复杂化，让真相离我们越来越远。如果通过现象找到了本质，解决了本质点的问题，由本质点引发的现象点自然就解决了。

　　我们思考问题时，可以从元素点开始，一步一步上升到整体思维，也可以从整体思维切入，一步一步下降到元素点。从低维到高维的思考过程，是不断扩大思维范围和

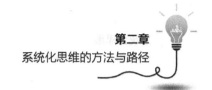

维度，寻找更多的可能性；从高维到低维的思考过程，是不断验证的过程，追本溯源，寻求本质。

零维到三维空间的思维升级，每升一级就需要寻找更多的相关信息和更多可能的信息点。对于每个空间维度的系统思考，能够收集的相关信息越多，对结果的判断越准确。同时还要高维到低维、低维到高维进行反复验证，在验证过程中即可以判断所收集的元素点信息的准确性，与元素点相关的信息被反复验证得越多，说明信息的准确性越高。

实际上，每一个空间维度的系统化思考都非常重要，每一个空间系统又是一个大系统的有机组成部分，每一个空间系统既可以看成一个独立的系统，也可以看成一个大系统的组成部分。所有的思维方式都不存在好坏、对错，只有合适不合适，我们要选择对的方法，有效、快速地判断和解决问题。

在从零维到三维空间系统化思维的思考过程中，没有任何人、事或环境的客观存在是绝对的，客观事实的存在都是相对的、有前提条件的。如果想寻求什么或解决什么，也一定是有前提条件的。在三维空间系统内，你能找到的所有的基本点都不是独立存在的，一定是依靠一定条

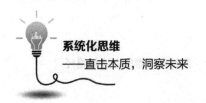

件而存在的，也一定是系统的组成部分。

我们在寻求某个结果或答案的时候一定要不断挖掘元素点的相关信息，找到前提条件，进而找到想要的结果；或者通过元素点，假设的前提条件，然后寻找结果。如果我们不去寻找或假定前提条件，那么永远都找不到结果。只有不断地寻找或假设前提条件，不断地更换客观事实的元素点，才能找到想要的结果。

我们经常听到"解决事情要解决本质""方向不对，努力白费，目标不对，结果全废"等话语。其实，听懂没有实际价值，会做才有价值，而会做需要正确的思维方式，且要不断训练，不断反思自己，调整自己。我们在进行系统化思维升级的过程中，要不断聚焦元素点，保证元素点一直不变，这样才能达到有效的结果。

我们在生活中，经常使用的是零维到二维空间系统化思维的思考方式，即点状思维、线性思维和全面思维，而且将点状思维、线性思维、全面思维独立使用，即没有把点状思维、线性思维、全面思维进行综合系统化的应用。所以人们即使很擅长使用点状思维和线性思维，也没有达到最好的效果。将点状思维、线性思维、全面思维每个都独立使用好并且能够系统化使用，才能发挥系统化思维的

最大作用。

1. 举例分析：为什么我们会越想越混乱

我们的思考总会从一个点出发，从人、事或环境客观事实呈现出发，元素点变化就会出现第二个客观事实的点，再出现第三个、第四个、第五个点等，这些相关联的点形成线。元素点会引发很多条线，这就形成了面。

我们为什么会思考混乱？因为在思维升级的过程中，从元素点开始，进而引发第二个、第三个元素点时，经常会替换元素点，如可能会把第二个、第三个做了交换，而这时第二个或第三个又会作为新的元素点开始引发思考，即很多时候我们变换的元素点通常是主线上的元素点或相关的信息元素点，元素点变换了，就相当于目标偏离了。我们在思考过程中可能会一次或多次偏离元素点，也就意味着我们离目标或者真相越来越远，所以问题会越解决越复杂。

现实中，我们自己很难意识到自己偏离目标，现实的思考混乱往往是因为我们自己不断在偷换目标。如果我们在点状信息上就出现错误，就意味着，后面的线性思维、全面思维的推进都会发生错误。

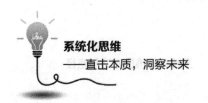

在这个过程中，点状思维的元素点非常重要，所有的思考都基于元素点开始推进，因此我们会发现点状思维和线性思维的重要性。生活中最常用的也是这两种思维方法，如果对于这两种思维方式我们能够准确地有效应用，思维能力就会有很大的提升。

2. 举例分析：辩论赛

辩论赛通常指围绕某个主题进行的辩论活动。在辩论赛的过程中，双方往往都在不断找寻对方的思维漏洞，双方的表述只要不偏离主题或目标，就可以自由地表达观点和道理。辩论赛优胜者通常是有说服力、直击要害、逻辑严谨，有高度、有深度、有力度的。在辩论赛的过程中点状思维和系统化思维的能力尤其重要。

取胜的两种思维方式：

（1）点线思维，把辩论目标作为元素点，不断升级为线性目标。思维过程中，通过不断变换元素点也就是目标，扰乱对方的思路，让对方无法找到你的信息漏洞。同样，辩论过程中一直追问对方的元素点也就是目标，对方就会无处可逃，只能不断地顺势而下。当他走投无路的时候，你就胜利了。

（2）系统化思维，以目标为元素点，整理出多个系统思考路径，从目标开始，到目标结束，让自己的思考形成闭环，形成系统。思维路径形成系统以后是最不容易被破坏的，此思考逻辑方式很稳固。

3. 举例分析：夫妻吵架

生活中，我们会发现人们吵架经常吵不明白，尤其是夫妻，"公说公有理，婆说婆有理"。如果能够理解系统化思维，就会明白，很多时候，吵到最后其实吵的根本就不是最开始要吵的事。我们从静态看，通常人们因为一件事吵架，姑且把这件事看成一个现象点，吵着吵着就会吵到另一个现象点，也就是元素点已经发生变化，这个时候吵的内容已经不是最初的那件事，其实只是跟这件事有关系而已。

由于元素点发生变化，吵架必然会没有结果，这也可以说是追寻错误的思考路径得到错误的结果。目标的不断偏离只会引发更多的问题，吵得没完没了，人都吵累了也吵不完，生活中很多夫妻吵了一辈子，感情好的吵成了乐趣，感情不好的吵成了仇人。

现实生活中，很多夫妻吵着吵着就不吵了，他们会找

一个合适的理由搪塞过去，如"吵赢了，媳妇没了""吵赢了，亲情淡了"，即很多时候人们会把事情转化成情绪积压下去。这里再讲一下，每个人积压情绪的结果是不一样的，有人可以一直积压，有人选择情绪爆发。从心理学的角度看，这种情绪的积压很难真的过去，通常会变成定时炸弹，只要触碰相关的元素点，就会导致情绪爆发。

学会系统化思维，由目标元素点出发，从线性思维到全面思维，在系统思考升级或降级的过程中找到事情的本质，才能让吵架变得有意义。用系统升级或降级的方法解决事情，不让事情积压在心里，事情就会有结果。实际上不断解决事情的过程，也是建立夫妻共同价值观的过程。

如果每一次吵架，只为事件本身而吵，就一定会有结果，即使结果不是用对错表达，也一定会清楚地知道双方认知的不同。只有找到结果，才能进行调整，才能真正解决问题。

思维过程中的关键注意事项：

（1）从现象元素点，即从事件本身的客观现象开始，或者从要达到的目的出发。

（2）在将元素点升级到线性思维的过程中，元素点目

标始终保持不变。

（3）继续升级，进入全面思维的时候，元素点目标依然保持不变。

（4）在整个思考过程中，始终围绕一个元素点目标，建立以元素点目标为中心的系统思考路径。

（5）通过升级或降级思考找到现象背后的本质，调整本质点来解决问题，以防止问题再次发生。

整个过程要以元素点目标的客观事实的呈现状态为出发点，而不是由客观事实到变化现象，再从已经变化现象的客观事实到更新的变化现象，所有的思考始终围绕元素点进行。

（二）高维度系统化思维的理解

1. 四维空间系统化思维——时间思维

整体思维加上时间线，即构成四维空间的系统化思维——时间思维，可以用过去、现在、将来，或年、月、日、时、分、秒等时间性概念表达。三维世界的时间是动态的，一直在流动。

在时间维度中，在相同时间内所发生的现象可以理解为静态呈现。时间思维也可以理解为，在不同时间情况下，元素点客观事实的真实呈现状态。通过时间线的变化，我们会得出一条新的基于时间线的思考路径，由于加入了时间线的维度，因此每一个时间点都是整体思维的呈现。所以四维空间系统化思维相对三维空间思维，信息依旧是倍增的。

实际上时间是动态的、不可逆的，我们要学会从时间的视角思考问题，理解在不同的时间状态下往往会有不同的结果。

时间线是确定的，在时间线上已发生的事情是确定的，所以当下是可以把握的，未来是不确定的。我们可以把时间线当成一个思考维度，通过系统化思维实现我们的思考意义。

2. 五维空间系统化思维——能量思维

在时间维线的基础上加上能量线，即构成五维空间系统化思维的能量思维。这里的能量线也是一个思考维度，跟我们专业认知的能量学不同，可以理解为影响人但又不能被人认知的部分。这里只是想用一个能量维度，表示五

维空间系统化思维的思考维度。

能量也有很多种，它可以是物质能量、资源能量、形态能量等。比如，人本身的能量，如情绪能量、心理能量等；物体的能量，如水晶能量、玛瑙能量等；物质的能量，如磁场能量、太阳能量等。在原有的系统中加入任何一种能量都会使已知信息倍增，思考的可能性会数倍放大。

现实中，能量是摸不到、看不到的，但是能感受到。通常说的吸引力法则，就是一种看不到但是很有效的能量。每种能量都可以当作一种思维维度，运用到我们的空间思维升级的过程中，使我们从思维的视角看到更多的可能性，探寻更多的未知。

3. 更高思维

物理学已研究到十维以上，相信在不久的将来，人类可以研究出更多的维度，从而可以加入更多的维度视角来探寻世界更多的未知。

在原有空间维度中每加入一种思维维度，就意味着空间维度的系统化思维上升一个层级。系统化思维的不断升级，就意味着系统化思维的思考范围不断扩大。人们可以

通过这种不断升级，不断地挑战未知领域，不断地突破现
有的思维认知。系统化思维的好处就是可以把你的认知里
所有的知识串联起来。如果不能串联，说明你知识储备还
不够。这种串联是一种规律，也是系统化思维的本质思考
方式。

（三）系统化思维的整体性理解

在系统化思维的体系里，每一种思维方式都可以称
为系统化思维。系统思维在升级或降级的过程中，点状思
维、线性思维、全面思维、整体思维等都可以单独理解为
系统，如图2-4所示。

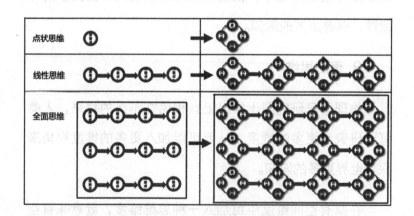

图2-4 系统化思维模式

每种思维方式中的元素信息都可以看作一个系统，也可以理解为每种元素都会存在某一个或几个系统中。我们可以充分发挥自己的空间想象能力和抽象想象能力，把一个元素点信息不断地进行系统化。这个过程可以是点、线、面、体的过程，也可以是体、面、线、点的过程，还可以满足系统形成的过程。点、线、面、体、系统化的思维方式，可以是连接的，也可以是独立的。

三、系统化思维的复杂思考

（一）动态思维与静态思维

1. 定义

（1）动态思维：根据不断变化的环境、条件改变思维方式，对所思考的事物进行调整和控制，从而达到优化思维目标的思维过程。

（2）静态思维：从固定的概念出发，按照固定的思维程序思考，完成固定思维成果的思维过程。

静态思维与动态思维是相对应的两种思维模式。

2.关系

零维到三维空间的系统化思维是静态思维，零维到三维的系统化思维的升级、降级以及四维空间以上的系统化思维都是动态的。静态代表事物的静止状态，停止不动。静态思维是确定的。动态思维代表事物的运动状态，不断变化。动态思维是不确定的。

静态思维和动态思维是相互作用的，静态可形成动态，动态引导着静态。没有静态，就产生不了动态。系统化思维中，静态思维和动态思维都非常重要，静态思维是系统化思维的思考载体，而动态思维则是系统化思维的思考方向。在思考的过程中，我们既要有静态思考，也要有动态思考。

（二）正向思维与负向思维

（1）正向思维：是正向的、积极向上的思维。

（2）负向思维：是负向的、消极懈怠的思维。

正向思维和负向思维是基于人们的能量层级区分的。美国心理学教授大卫·R.霍金斯通过 20 多年的临床实验，提出"能量层级"的概念。正能量层级越高的人，与其相

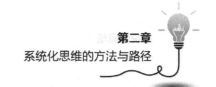

处就会越舒服；相反，负能量层级越高的人，越容易用负面情绪感染别人。情绪决定了人们生活质量的层级，当人们处于正能量层级的时候，层级越高，舒适度越高；当人们处于负能量层级的时候，层级越低，难受感越强。

当人们处于正能量层级的时候，会带动身边的人一同快乐；当人们处于负能量层级的时候，容易被激怒。同理，如果人们在正向思维的系统里，那么系统内的元素都是正向的、积极的；如果人们在负向思维的系统里，那么系统内的元素是负向的、消极的。当我们的思考陷入正向思维或负向思维系统中时，就形成了相应的逻辑系统，系统会被正向或负向的元素引导。

这两种思维方式代表了两种人生观念，是人生的底层思维方式，人生幸福与否，通常不是思考的一个元素点造成的，而是多个元素点构成的系统塑造的。如果处于正向思维系统，人就感觉幸福的；如果处于负向思维系统，人就感觉痛苦。

在系统化思维中，正向思维和负向思维是非客观思考的主要因素，即在人们思考问题时注入积极向上的因素，对系统的影响也一定是正确的。

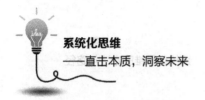
（三）进化思维与退化思维

（1）进化思维：事物自然选择、进化过程的思维活动。

（2）退化思维：事物自然选择、退化过程的思维活动。

"进化"这个词来源于英国生物学家查尔斯·达尔文《物种起源》。进化思维和退化思维可以理解为自然选择过程中的进化和退化。世界万物都在宇宙的自然进化或退化过程中发生变化。人类个体的进化和退化，世界的进化和退化，人类的进化和退化，时代的进化和退化，这些都是不可抗力的。

在系统思考的过程中，进化思维和退化思维是非常重要的，告诉我们，在系统中，即使你不做任何干预，系统也会发生变化，因为系统中的元素会有进化和退化的演化过程。

（四）熵增思维与熵减思维

（1）熵增思维：有序向无序发展，是信息混乱的思考过程。

（2）熵减思维：减少系统中混乱信息，是无序变为有序的思考过程。

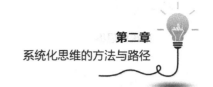

熵增形容系统中的混乱程度，系统越复杂，熵越大；系统越简单，熵越小。即使什么都不做，随着时间的流逝，事物也会自动熵增，会自动朝着更混乱的方向发展。人们要学会让系统变得更有序、更简单，促成熵减。在这个过程中，人要学会有效干预系统的运转，尽量保持系统的有序性，同时保持系统中元素的健康，以减少熵对系统带来的影响，让我们的生活变得更简单、更有序。

在系统化思维的思考过程中，熵的变化是不得不考虑的因素。生活中，即使你什么都不做，事情也会越来越多，系统会变得更复杂。所以我们做的所有干预，都是希望所在的系统越来越好，就是遇到的事情越来越好，我们的生活才能越来越好。

以上是四组影响系统化思维的因素。从系统的视角思考，所有的系统都是动态的，静态只是相对的，静态思考只是更便于我们找到思考的载体，进而准确地处理问题。反过来说，如果我们想要准确处理任何事情，就必须找寻规律，寻求动态的本质。

（五）系统化思维的理解与应用

在系统化思维中，每一个空间维度的思维都很重要，

但并不是所有遇到的事情或问题都需要把系统化思维的路径用一遍，即将点状思维、线性思维、全面思维、整体思维、时间思维的方法都用上。我们的目的是解决问题，只要选择最适合的思维方法和路径，快速有效地取得想要的结果就可以。

系统化思维中的思维方法可以独立使用，也可以搭配使用。使用的时候一定要根据实际情况和所需要解决的问题，确定使用一种或几种思维方法。

日常生活中，我们遇到的几乎都是简单的问题，复杂的问题并不多。复杂的问题往往跟时间的周期成正比，涉及的时间越久，问题可能越复杂。日常生活中，我们经常使用的思维方式是点状思维和线性思维。

每个人从出生就有思考的能力，在成长的过程中，经常会使用系统化思维的方式，并根据习惯和经验整理出思维模式，储存在大脑中。储存在大脑中的思维模式可以理解为"快系统"，我们的大脑能够快速过滤和解决很多小问题。有时候我们看一眼或经过简单的思考就知道结果，这就是启用了快系统。还有一套"慢系统"，通常用来解决比较困难或复杂的问题，需要大脑一步一步分析，才能得到想要的结果。对于大脑的两个思考系统，诺贝尔经济

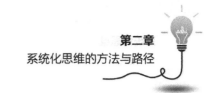

学奖得主丹尼尔·卡尼曼写过一本《思考，快与慢》，这本书主要介绍大脑的快系统与慢系统。

我们在思考时，需要选择正确的思考方式，正确使用我们的大脑。很多时候，我们需要大脑的快系统和慢系统相互配合，有效解决我们所面临的问题，在合适的时间做合适的选择。从系统层面看事物和问题，没有好坏、对错，只有是否合适、是否平衡。人的一生中，做的任何选择都会产生一个结果，不管选择什么都不可能是完美的，因为通常的选择是在线性思考下的结果，而完美是系统下的平衡，是自我对完美的目标的定义。

举例分析

例1：困了怎么办？

点状思维：困了，可以理解为客观现象。

线性思维：困了就睡觉，直接从现象想到了结果——睡觉。

例2：渴了怎么办？

点状思维：渴了可以理解为客观现象。

线性思维：渴了就喝水，直接从现象想到了结果——

喝水。

例3：迟到怎么办？

点状思维：迟到，可以理解为客观现象。

线性思维：迟到的原因是忘记定闹钟，直接从现象想到了结果——设定闹钟。

以上都属于简单问题，不需要做大量的思考，也没有必要做大量的思考。人类的大脑的重量占体重的2%，其日常消耗的能量占身体总能量的20%。如果进行大量的思考，大脑的耗能会更大。我们要保证自己的大脑适度使用，不要过度，过度是一种伤害。简单的事情和问题不需要复杂思考，有时候思考可能会让本来简单的事变得复杂，与之有关的系统也变得更复杂。在思考的过程中，当简单的元素被变得很复杂以后，就会增加完成目标的时间和难度。所以我们在处理事情和问题的时候，也一定要合理使用思维方式，该简单的简单，该复杂的复杂。下面以例1为例尝试把简单的事复杂化会是什么样的结果。

①点状思维：困了，是现象，可以理解为客观现象。

②线性思维：困了可以先闭目养神一会儿，也可以洗下脸清醒一下。

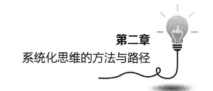

③全面思维：困了但是还没到睡觉时间，如果睡觉，就会影响生物钟。

困了但是还有工作没做完，工作没做完不仅会挨批评，还会影响工作绩效。

④整体思维：影响生物种就会影响身体健康，身体不健康就会影响生命。

影响工作绩效就会影响升职加薪，态度不端正就可能丢掉工作等。

以上只是分析的一部分。从中可以看出，很简单的事情跟生命都有了关系。生活中有很多这样的现象，很多简单的事情，人为地复杂化了或者在处理的过程中复杂化了。我们要有意识觉察到这样的现象，避免类似的事情发生。

第三章

系统化思维实现个人成长

个人系统化思维的建立关系个人的人生发展和个人思维能力的提升，系统化思维最好的练习方式就是自己尝试并加以运用。首先要把自己的人生进行系统化思考，从个人的视角开始学习，慢慢转换视角，不断扩大自己思维的系统。下面以系统化思维作为底层思维框架将个人成长的关键路径和关键思考要素整理出来，供大家参考。

一、个人成长四层级

狭义的成长是长大，长大成人；广义的成长是走向成熟，摆脱稚嫩。每个人每时每刻都在成长，只是成长的方式和层级有所不同。成长的方式和层级决定了个人的成长速度和结果。因为每个人的成长方式不同、层级不同，所以成长的速度和结果也是不一样的。

生活中，常常看到同样努力的人可是结果却不一样。为什么会这样？对于一个人的成长或者成就，广义理解包含两部分：基因和后天养成。基因是指生来就有的部分，后天养成是指通过成长过程中不断训练可以提高的部分。基因是目前我们没有办法解决的部分，我们只有通过后天

的努力改变自己的命运。

我们应该怎样成长才最有效、最快呢？首先要知道人与人之间的差异是怎么形成的，补足差异，在补足差异的过程中，寻求最快、最有效的方法。人与人之间出生时候的主要差异是先天差异，但是差异并不是很大，智商和各种能力也相差无几。

其实，我们每个人出生时的能力都是一样的，就是指人具备的所有基本能力，如观察能力、表达能力、适应能力等，这些能力是每个人天生就有的。假设一条基准线就是一个人的正常能力水平线，那么差别主要在于每个人出生时都会有一个、两个或者多个高于正常水平或者低于正常水平的能力，这种就被看成在某方面有天赋或者先天能力不足。

一个人在成长过程中，受环境影响，不断地学习和补足各种能力，很多能力的补足大部分是无意识的，主要跟家庭环境或者社会环境有关。在家庭环境中父母关注什么，你的能力就会在哪里擅长；上学以后学校要求什么，你的能力就会在哪里提升；走向社会以后，你的工作要求也是能力成长的主要原因。这些能力的成长往往是无意识的或者是被动的。如果想要更快、更有效果的成长，就必

须进行有意识的学习和成长。大家可以先了解自己的先天能力状况，结合实际需要，有目标、有计划地进行后天训练。

在已知范围内，需要学习的能力太多了，在有限的生命里，如果让一个人的所有能力都得到提升，恐怕不眠不休地学习也做不到。所以每个人需寻找最需要学习的能力，从根本解决能力提升的问题。大脑支配人们的思维，思维支配人们的行为，如果在这个过程中加入情感和情绪，所呈现的结果往往是由底层心智模式主导的。从心智模式入手改善才是最有效、最快的成长方式。

心智模式是心理能力和思维能力的总和。心理能力和思维能力的改善才有益人的成长，心理能力属于心理学范畴，思维能力属于思维科学范畴。虽然我们不需要做这些方面的专家，但是我们需要更好地了解自己，做出准确的思考和判断。

系统化思维是最复杂、最本质的思维方式，学会系统化思维是必要的。

"方向不对，努力白费；目标不对，结果全费。"我们首先要找到成长的方向，确定成长的目标，在有限的生

命里实现自我价值的最大化。系统化思维的思考模式，可以帮助我们合理、精准地预测未知。如果要设定有效的成长目标，就需要我们充分了解自己，根据自己的实际情况选择适合的成长路径。

下面介绍个人成长的四层级。

（一）信息升级——点状成长

点状成长，是人通过储备信息量而成长的方式。我们所有接收的信息通过大脑转化，都会变成知识存储在大脑中。每个人除休息时间，其他时间都在成长。如果做梦也是思考的一种表现，那么可以说人无时无刻不在成长。

我们把信息看成点状的存在，大部分人是点状成长的。我们每天睁开眼睛就开始接收信息，如果收集的信息和之前的信息没有区别，那么大脑吸收后不会调整认知。如果收集的信息与之前的信息有所不同，那么大脑会调整认知，改变想法。这种点状成长是非刻意的，是人人都具备的成长能力。点状成长会让我们的认知范围越来越大，这是一种自然进化的成长。

广义上，信息是人学习到的知识，或看到的事物等所

有进入我们大脑的内容。信息被收集到人的大脑，通过认知、理解、辨别、转化，最后得到应用。

认知—理解—辨别—转化—应用，这是一个完整转化信息的过程。现实中很多时候，我们对收集到的信息只进行了一步，或者两步，或者三步，完成不了全部流程。但只要我们的大脑在接收信息，对于个人而言，不管进行几步都在成长，只是成长的结果不同。

为什么只要我们的大脑在接收信息就是在成长？其实我们在接收信息的时候，意识和潜意识都在同步接收，意识层面接收的信息是在意识层面记住的，通过大脑思维转化成应用的部分。这些信息的收集和转化，也就是我们在意识层面学习和接收到的知识。

还有一部分是没有得到应用的信息，即只是接收了没有被转化，这部分会进入你的潜意识里，被储存。潜意识也会有一套储存模式，只是"你"不知道。

这也可以理解为，只要你在接收信息，哪怕当时没用，但有一天你突然遇到什么事，就想起来用上了，这时你的成长是倍增的，所以我们接收的信息都是会被使用的。每个人都是在意识和潜意识的双驱动下成长的。经常

看书的朋友，会很有感触，一本书每次看都可能有不同的收获，一直想不明白的问题，在某一天突然就懂了，这个过程也可以理解为意识和潜意识互动产生的结果，可以说你的成长永远跟你的积累有关。

当我们的知识的储存由量变到质变的时候就会有"开悟"的感觉，"开悟"也是由一个思考点的突破让整个系统升级的过程。只要接收信息，人就会成长，自动储存所接收的信息。

当你有目标地工作或学习时，输出的就是成绩和绩效，此时产生绩效和结果的时候，也就是通往下一个成长层级的时候。在点状成长的过程中，人会形成自己的思维模式，会带着这个固有的思维模式通往下一个成长层级。

举例分析

很多人在家里会养动物或植物，其实，它们的成长过程，同我们认知改变的整个过程相一致。在这个过程中，我们会知道小动物是怎样一点点长大的，植物是怎样一点点长大的，每一天的变化都会为我们带来新的认知。对于我们原来不知道的信息，通过学习，我们会有新的认知、新的成长。这也可以解释我们在自然成长过程中，会随着

年龄的成长，变得越来越成熟，成熟过程的快慢取决于成长过程中新的信息接收的多少。

"读万卷书，不如行万里路。"读书接收的是文字信息，需要转化成自己的理解，而语言本身很难完全表达真情实感和美景、花香。把书读明白是需要很强的形象思维、空间想象、抽象思维等能力的，有时间出去走走，当你看到或感受到真情实感和美景、花香时，你会发现找不到合适的语言形容你的所见所闻。多看看外面的世界是增长见识、增加眼界最有效的路径。

不管点状信息是有意识还是无意识获取的，都是人的心灵、心智成长的基础力量。有量变才可能有质变，信息积累到一定程度，可能就是智慧开启的时候，也是思维升级的时候。

我们每天都在进行信息收集，当信息通过人的感官进入大脑的时候，大脑有两条储存路径（见图3-1）。第一条路径是我们进行主动思考，通过思考将信息转化为自己的理解，再不断应用到生活和工作中，最后形成思维模式。第二条路径是被动吸收，直接通过我们的认识，储存到大脑。这两条路径最大的区别是，第一条路径是不断循环的系统，不断把信息转化为思维模式并且在不断思考的过程

中修正思维模式，可以有效提高人的思维能力。而第二条路径只是线性思考的过程，大脑只有在做信息提取的时候才有意义，对思维能力的提升没有作用。从这两条路径可以看出系统化思考过程的重要性。

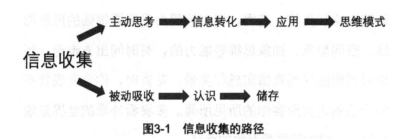

图3-1　信息收集的路径

（二）行为升级——螺旋式成长

螺旋式成长是指单一思考模式下持续的能力提升。我们在原有的点状信息认知圈里，开始训练某种能力，使这种能力持续成长，也就是在一个认知圈里不断提升能力而成长。在不断成长的过程中，社会的影响（如学习、工作等）、有目的的学习，最终形成人的基本成长状态。这种成长方式比点状成长更高一个层面，是有目标的、有方向的成长。我们会因为生活或者工作的压力，而不断提高与之相关的能力。

生活中，很多人处于螺旋式成长层面。成人的学习，

很多时候是被动的，因为几乎没有人天生就喜欢学习。但是人是有思想的高级动物，很多人会因为生活的需要和工作的要求，不断给自己提要求，这就让他在原本的圈层里不断成长。

螺旋式成长还可以理解为在原有的思维模式里成长，思维模式是看不见、摸不着的东西，但是它却指挥着我们的行为、语言表达和处事风格等。在螺旋式成长中，我们虽然得到了很多能力的提升，但是支配这些能力的还是原有的思维模式。

在螺旋式成长中，我们往往可以认知到自己的错误和不足，当可以通过学习认识到什么是正确的时候，再通过认知把自己的行为调整成正确的。这种成长还是在原有的认知圈内进行，但是通过新的认知调整之前的错误，在行为上有很大的改善，长期坚持会有明显的行为变化，但是不影响内在深层认知，也可以理解为不影响底层的心智改变。

生活中我们常看到因为爱情在一起而经常吵架的夫妻，两个人都努力想改变自己和对方，也都很想减少吵架，可是努力了很久依然不能改变经常吵架的事实，长时间的争吵最终导致离婚。这就是底层的思维模式导致的，

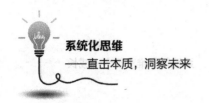

每个人都会按照自己的价值观做事，很多时候，只改变了现象也就是吵架的行为，而不改变固有的思维模式，结果是不会有变化的。我们刻意地改变吵架行为，会发现短期是有效果的，但是长期却很难达成目标。只有在思维层面做出改变，才会改变结果。

就像一辆行驶的列车，如果只对它的外在形象进行改造，而不改变它的行车路线，目的地是不会改变的。反之我们改变它的行车路线，结果自然就变了。当我们看见固有的思维模式，再重新构建思维模式时，就可以通往下一个层级去成长。螺旋式成长通常是某几种能力的持续增长，当我们有不止一种能力持续增长时，进入圈层式成长就会更容易。

（三）认知升级——圈层式成长

圈层式成长，即通过圈层跃迁的成长方式成长。对此可以有两种理解，第一种是经常说的"圈子"，通常理解为你身边的人组成的圈子，可能由同事、同学、战友等组成，也可能由行业、小区、学校的人等组成。

第二种是层级，比如，在企业里有基层干部、中层干部、高层干部，以能力划分的圈层；在社会层面有百万富

翁、千万富翁、亿万富翁，以经济地位划分的圈层。

这两种圈层中的每个圈层都有圈层文化，像企业一样，有一些可以代表这个圈子特性的体现，也就是"物以类聚，人以群分"的价值体现。当想融入一个圈层时，你必须与那个圈层有共性，不然很难融入。能否进入圈层就是要看底层思维模式是否相同，而不是行为模式。

如果你跨圈层提升，那么会让你的认知范围以倍数扩大。近年，我们常会听到一个词"同温层"，简单地说，就是当我们长期处于一个群体环境中的时候，这个群体成员的思想认知会趋于一致，久了这个群体就会缺少新颖的思考角度。同温层现象在互联网尤为常见，网络会根据个人的喜好而推送信息，进而会不断固化你的立场和观点。在同温层中，你看不到其他观点，这很容易使人与圈外人产生认知偏差，同时这种同温层也代表了一群有共性特征的人。

跨圈层是底层认知的成长，使你可以看到更多的存在、更多的可能。"人是分三六九等的。"这句话是贬义的，但是在阶级的圈层中，你会更容易看到"三六九等"。这种差异也会促进人实现圈层的突破。

"宁做鸡头，不做凤尾"也是一种圈层表达的方式。当在一个圈层做到顶端的时候，你会发现，你无法再前进，你会看到这个圈层的天花板。这个时候你只有突破圈层，才能实现继续成长。当跨越到另一个圈层时，我们还要像之前一样努力前进，当在新的圈层又达到顶端时，依然出现成长瓶颈。优秀的人会一直突破新圈层，不断前进，他们在哪个圈层都会很优秀，因为这类人系统化思维的底层思维模式已形成。这种底层的思维模式可以支持人在任何圈层很好地成长。每到一个新的圈层，你要收集足够的成长信息，就可以在最短的时间内形成自己的逻辑模式，很快完成圈层迁移。

能实现圈层式成长的人是社会的精英人士。我们在生活中总会发现，有的人到哪里都优秀，做什么都成功。如果接触这类人，就会发现其跟大部分人好像也没什么不同。

所有的思维能力都可以通过练习得到提升，当我们有意识学习、改变时，人人都可以实现圈层式成长。

（四）思维升级——破维式成长

破维式成长，是指通过改善思维，进行系统化思维

的成长方式。破维式成长是精英人士的成长方式，系统化思维的能力是精英人士必备的能力。当学会了从点状思维升级到线性思维，再从线性思维升级到全面思维，从全面思维升级到整体思维时，我们就完成了破维式成长的第一步；当学会了系统化思维的系统化过程时，我们就完成了破维式成长。

破维式成长是让我们在原有的认知中，不断从更广的视角看世界，从系统化思维的层面不断升级，由点状系统到线性系统，接着由线性系统上升到全面系统，再由全面系统上升到整体系统，这是系统升级的过程，也就是破维式成长的过程。

实现破维式成长需要训练我们的思维能力，要从调整底层心智着手，通过改变思维来改变行为。当思维改变时，就会发现改变行为就容易了。这种隐形的能力才是真正主导我们的工作、生活的关键能力。

本书最重要的内容就是点状思维、线性思维、全面思维、整体思维相互之间的关系、升级与降级，也就是系统思维的系统化思考过程。当我们真正理解，并开始刻意练习时，也就意味着我们开始破维式成长了。

上面介绍了四种成长方法，同时也是个人成长的晋升路径。大部分人是按照点状式成长到螺旋式成长再到圈层式成长的，在这三个层级里不断轮回，少部分人可以上升到破维式成长。我们可以根据自己的实际情况，选择其中的一种自我成长方式。每种成长方式不同，对个人的要求也不同，都需要经过量变到质变的过程，没有绝对的好与不好，只要成长就是好的开始。

"这是一个最好的时代，也是最坏的时代。"常常有人这样感慨。信息化时代"知识"变得不那么重要，只要你肯花时间学，就可以通过各种渠道得到各种知识。在工业化时代这些是做不到的，在农业时代这些也很难实现。有人曾经统计过，在古代，中产家庭才能培养起书生，普通百姓家庭根本没条件。

我们很多人知道曾国藩，曾国藩整个家族就培养了他和他父亲两位读书人，他和他父亲读书的花销是家里最大的。"书蔬鱼猪"四个字家训也只培养了这两位才子，父亲43岁考上秀才，而曾国藩23岁考上秀才，而这是举家族之力的结果。

而当下，知识以井喷的方式涌现，很多人开始疯狂抓住机会学习，在学习这条路上，发现越学越看不到尽头，

越学越多。有很多知识随着科技的发展会被淘汰，新的知识和淘汰的知识混合在一起，使人无法分辨，导致学得越多，知识系统越有可能混乱。

信息化时代最需要的是思考力和思维能力，而系统化思维能够让我们更有效地学习和成长。在这个时代，只有用系统化思维模式，才能让自己在众多信息中快速寻找到有效信息，判断对错，合理建构，进而形成新的正确的认知，支持我们在信息化时代更好地工作、生活和学习。

更准确地说，目前是在从信息化时代过渡到知识化时代的过程中，但时代的变迁和发展太快了，导致人的思维模式还停留在工业化时代。任何一个时代都会有好的事物，同样也会有糟粕的部分，我们要认清好的东西并将其传承而摒弃糟粕的部分，这就需要提升自我的认知水平和思维层级。

二、提升独立思考的能力

（一）成长路径及应用

每个人从出生就开始自我成长，在成长过程中从信

息（知识）收集转化为内心想法（看法），再由情感因素（感觉）转化为行为模式（习惯），进而由思考路径（思维模式）转化为心智模式，将形成的心智模式不断储存到基因里，形成基因密码，再通过调整认知重新收集信息（学习知识），不断循环成长路径，渐渐长大、成熟，如图3-2所示。成长路径图是从系统化思维的视角思考的，其中成长对象是自己，对应目标也是自己，在个人成长中，自己跟自己对比成长的意义最大。

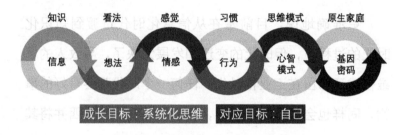

图3-2　系统化思维——成长路径

1. 成长路径分解

第一步：信息，这里指广义上对信息的理解。

第二步：想法，大脑将接收到的信息转化为想法，储存起来。不提倡在背诵知识的时候用死记硬背法，用理解的方式记忆更容易，也更深刻，经过转化储存的信息更容易被提取和应用。

第三步：情感，情绪和感受对想法的影响。情绪和感受是不能忽略的心理反应，很难被刻意管理。情感是信息转化过程中必须考虑的因素。情感的加入会对信息的储存有一定影响，如果单独把情感当成成长路径中的一个环节，那么可以让我们在处理事物时做到更客观，不受情感影响。

第四步：行为，既定的想法储存后会以行为呈现出来，人们所有的行为源于既定的想法。行为的不断固化和纠正会使想法储存在大脑的意识层面。意识支撑行为，行为固化意识，一旦行为形成稳定习惯，便很难被改变。心理学研究表明，通常21天以上的重复行为会形成习惯，90天以上的重复行为会形成稳定习惯，习惯不容易形成，也不容易被改变。

第五步：心智模式，是心理能力与思维能力的总和，是意识层面认识事物的方法和习惯。每个人的思维影响行为，行为也影响思维。习惯性行为通过思维意识慢慢转化为心智模式。生活中，人们的行为和思维模式都由底层的心智模式所主导，心智模式也被看成一种思维定式。

第六步：基因密码，以密码的形式将生命的全部信息储存在基因里。人所有固化的模式都能以密码的形式储存，最终都会成为基因。基因可以从两种视角理解，一种

指看不到的，如心理、思维等遗传；另一种指看得到的，如身体、行为等，二者也有相互作用的过程，这里更多是看不到的影响。基因也可以从先天基因和后天基因的视角理解，先天基因就是天生的部分，如与生俱来的性格，后天基因是指后天形成而重新储存的部分，如思考模式等。后天基因的形成主要取决于一个人所处的环境，如原生家庭，即我们长期所处的环境，所以原生家庭对个人影响很大。当调整基因密码时，也就是在调整原生家庭对我们的影响。

通过以上六个步骤完成一次成长过程，这六个步骤形成系统，可以从任何一步开始，第六步的基因密码也同样影响第一步的信息转化。在我们成长的过程中，每步都可以作为改变的起点，进行自我干预。六个步骤相互影响和相互作用，构成一个人完整的系统成长路径。

2. 成长路径的改变方法

第一步：信息，有计划、有目标地进行信息的收集，可以理解为有目标地进行学习和知识储备。

第二步：想法，有目标的学习会拓展我们的知识领域，刻意地进行想法修正。

第三步：情感，情感主要对主观和客观的判断产生

影响，如果能管理情感，对于事情的处理就会更客观、更有效。

第四步：行为，改变现有的行为方式，如改变眼神、肢体语言、语言表达习惯等，从而改变影响情感、想法等其他步骤。

第五步：心智模式，影响人生的底层原因。心智模式不容易被改变，思维模式是相对容易被改变的，可以通过改变思维模式来影响心智模式。我们通过改变底层的心智模式，推动个人成长系统的改变。心智模式可以被看作信息、想法、情感的底层认知，是个人成长系统中的关键元素。

第六步：基因密码，基因系统的认知会影响信息的收集及转化，如果了解自己的先天密码，对后天密码的修正就会起到决定性的作用。

以上每步的改变，都会对个人成长的整个系统产生影响。如果我们对每步都进行改变，系统的改变就是倍增的。

"火车跑得快，全靠车头带。"该句的意思就是这个道理，但它只适合工业时代的发展。在信息化时代，需要动车组，每节车厢都装有动力系统，整个系统的所有环节都进行了改变，就会实现全系统质的改变。

在一个元素点上的改变，投入得再多，改变得再多，整个系统的改变也是有限的，如果对系统内所有的元素点都进行改变，那么整个系统的改变就是质的改变。

（二）成长流程及应用

成长是我们一生都在谈论和思考的话题，每个人都希望自己能够成长。面对我们的处境，如果对自己的成长比较盲目，没有方向，没有目标，那么可以按这个流程（见图3-3）做一些点状成长，使自己进入螺旋式成长的状态中。成长是一个长期的过程、渐进的过程，会伴随我们一生。

图3-3　系统化思维——成长流程

1. 成长流程分析

第一步：刻意学习。

永远保持好奇心，经常思考、提问、觉察自己，设定期望的目标等学习主题，长期保持学习的态度。学无止境，人生是一个学习和成长的过程，被动学习可以拓宽眼界，

增长知识，主动学习可以让成长更有价值。刻意学习需要我们主动，有目标地学习，是成长过程中非常重要的起点。

第二步：锁定目标。

选好一个主题作为目标，这个目标一定要可分解为点状信息，可量化、可实现。目标确定的准确性直接影响学习成长的结果。在确定的过程中，需要不断量化，锁定目标，尤其不能偏离目标，直到达成目标。

第三步：找差距，做计划。

确定目标后要审视自己的现状，现状要尽可能符合客观事实。结合现状及要达成的目标，梳理出目标与现状的差距，再根据梳理出的差距，拟定具体的行动步骤和内容，整理出具体要做的事情和时间节点，便于每天跟踪记录。

第四步：整理资源。

执行计划前，要收集完成计划的所有资源。这些资源包括信息、书籍、课程、人脉等，要有足够多的资源，资源越多，搭配得越好，完成计划的可能性就越大。

第五步：执行改进。

完成计划的过程中需要不断进行自我复盘，要思考每

一个点状信息，并不断判断信息的真伪。在执行过程中，随时进行改进，调整资源和方法，以便达成目标。

刻意学习是每个人成长过程中不可缺少的，整个成长流程就是刻意学习的过程。每次刻意学习只能解决一个学习主题，成长流程的每一步都是为主题服务的。在成长过程中，要始终追寻目标，不断辩证信息真伪，以达成最终的学习目的。从目标开始，到目标结束，这是一个系统流程。

2. 应用举例

第一步：刻意学习。

达成结果：管理情绪。

第二步：锁定目标。

目标细化：①保持情绪稳定；②控制情绪；③激发积极情绪。

第三步：找差距，做计划。

整理现状：①情绪容易受事情影响而波动；②突发事件容易使情绪失控；③以正向、积极的情绪作为主导。

从目标和现状中找到差距，然后做计划。

对计划表进行信息记录和整理，如表3-1所示。

表3-1　90天计划表

项　目		第1天	第2天	第3天	第4天	第5天	第6天	第7天	……	第85天	第86天	第87天	第88天	第89天	第90天	其他信息记录
自我觉察	情绪的自我发现															
	正念练习15分钟															
	自我觉察反馈记录															
保持情绪稳定	关注并面对情绪															
	将情绪转化成语言															
	注意力转移情绪															
控制情绪	关注事情															
	遇到事情，使用深呼吸调法调整															
	分析事情，解决根源															

第四步：整理资源。

内部资源：自我觉察反馈记录；收集过程中的事件，并分析解决问题。

外部资源：自我觉察方法、情绪转移方法、事情解决方法。

第五步：执行改进。

计划执行非常重要，做计划的目的就是为了在执行过程中少走弯路，记录每天计划的完成情况，对每周、每月计划的完成情况进行复盘，在复盘过程中进行纠错调整。如果选择月度复盘，发现计划中的方法无效或信息有误，就要及时调整计划，保持执行方案方向正确，不断调整和改进，最终达成目标。

知识有没有用，学习有没有用，取决于你学完了用不用。学习到用好的过程很长，这个过程需要我们一步一步推进，推进过程如下：学习→学会→应用→会用→用好。

（三）改善路径及应用

人在成长过程中，需要不断改善自我。改善是一种向上的力量。改善就是发现成长过程中要解决的问题，

从一个小点的改善来引起成长系统的改变（见图3-4）。

图3-4　系统化思维——改善路径

1. 改善路径分解

第一步：有需求，找差距。

将成长中所有需要调整的点，如学习交流、思辨反思、圈层成长、问题解决、树立榜样等，作为独立的点状目标，寻找改善方向，确定改善目标，同时梳理自己的客观现状，将现状与目标之间的差距罗列出来，拟出差距改善清单。

第二步：定目标，找方法。

根据差距改善清单，确定改善目标。改善目标应按主次排序，根据整理出的目标，找到需要的资源和方法。

第三步：做计划，会运用。

根据目标做好相应的执行计划，寻找完成目标需要的资源和方法，合理加以运用，不折不扣地执行计划，完成

既定的目标。

第四步：勤反思，谨调整。

在执行过程中，要不断地反思和调整，使执行始终围绕目标，保持过程中的信息和方法是正确的。这个过程也是一个自我反省的过程，可以每天进行自我反省和复盘，谨慎调整计划，确保计划执行的正确性。反思、调整元素点信息，通过改善元素点而引发系统的变化。

第五步：持续改进，应用好。

改善也是持续的过程，持续改进以保证系统更好地运转，进而达成目标。每做一次改进，及时进行尝试应用，在应用的过程中发现问题。从改进到应用，从应用到改进，是一个自循环的过程，是系统性的，是相互作用及辨证的过程。

2. 应用举例

第一步：有需求，找差距。

需求：向偶像学习。

学习目标：①积极的心态；②保持学习状态；③坚定完成既定目标。

现状：①积极的心态；②有学习的状态；③有目标，但不坚持。

差距：①保持学习的状态；②坚定完成目标。

第二步：定目标，找方法。

目标：坚持学习。

第三步：做计划，会运用（见表3-2）。

表3-2　年度计划月度打卡表

项　目		第1天	第2天	第3天	第4天	第5天	第6天	第7天	……	第26天	第27天	第28天	第29天	第30天	第31天	其他信息记录
学习计划	每天阅读30分钟															
	线上课程每天30分钟															
	线下课程每月6课时															
学习方法（思维导图）	思维导图基础知识阅读															
	每天整理一张导图															

第四步：勤反思，谨调整（见表3-3）。

系统化思维
——直击本质，洞察未来

表3-3 跟踪记录表

内　容		内容记录	思考呈现	应用转化	其他信息记录
持续改进	改进点				
	改进情况				
转化应用	应用情况				
	应用反思				

第五步：持续改进，应用好（见表3-4）。

表3-4 自省表

内　容		内容记录	完成情况	成果记录	其他信息记录
反思事件	1个反思点				
	反思结果				
调整情况	是否需要调整				
	调整内容				

改善流程是我们需要长期做的事情。改善流程里包含了很多点状成长方法，所有步骤都是为了目标服务，最终达成改善的目的。流程或者流程中的步骤，都可以根据自己的实际情况进行调整，只要能够完成既定的目标，不偏离目标，所使用的方法越简单越好。

三、达到小目标，实现大目标

人生是不断完成目标的过程，目标完成得越多越好，实现自我人生价值的可能性就越大。人的一生会遇到无数

个大大小小的目标，往往越大的目标越不容易实现。我们要把大的目标拆解成一个个的小目标，通过不断完成小目标，进而完成大目标。

每个人都有设定目标和完成目标的能力，区别在于目标设定是否正确，目标的完成过程是否有效。设定目标相对简单，哪怕只是个想法，也可以将其当成目标。我们一生中会有很多目标，能够完成的只有少部分。人生完成目标的数量决定人生的成就和质量。在完成目标的过程中容易出现两种情况，一种是陷入现象中，不断解决现象问题，也就是容易陷入点状思维中。另一种是陷入线性问题中，偏离目标，也就是从点状信息进入了与目标没关系的环节中。在完成目标的过程中，要坚持为目标服务，所有事都要与目标有关。人生短暂，需要合理规划。

拿破仑说："不想当将军的士兵不是好士兵。"其就是想鼓励士兵有抱负，有理想。如果我们只将其理解为鼓励士兵有抱负，有理想，那这句话只告诉我们一个道理。如果系统思考这句话，那么它不只告诉我们一个道理，也代表了一种思维方式。这句话可以表述为一个大目标——当将军，作为一个人的成长目标。每个人都想当将军，但为什么当上将军的只有少数人？当上将军的少数人靠的是什

么？这是值得思考的。

从目标的视角思考"当将军"，第一步大目标：当将军；第二步分解目标：分析当将军的必要条件，例如，首先要当好一名士兵，其次当班长、当排长、当连长，最后晋升到将军。另外，整理补充条件，如特殊情况晋升等。直接当将军不太可能，但如果把分解出来的小目标全部完成，就可以完成当将军的大目标。我们不仅要从现象层面思考问题，还要学会如何用系统思考的方式，把道理变成可实现的目标。

系统化思维路径目标分解过程：

点状系统思维："不想当将军的士兵不是好士兵。"这是一个点状信息，代表了一种客观现象。这句话里包含了两个元素点信息：当将军和好士兵。对这两个信息点我们可以同时进行分析。

线性系统思维：一名好士兵要想当将军；想当将军就要做一名好士兵。

全面系统思维：如何做才能成为一名将军；如何做一名好士兵。

整体系统思维：分析成为一名将军所需要的所有目

标；分析做好一名士兵的所有要求。

时间系统思维：从时代发展、国家发展、个人发展的时间视角继续深入分析。

从职级层面系统化思维的视角看，当将军是高维思考，做好士兵是低维思考。我们既要有高维的布局，又要有低维的努力。高维思考的是未来和方向，低维思考的是方法和目标。高维思考和低维思考是辨证补充、相互检验的过程。

现实生活中，我们经常听到很多道理，都是从生活中总结出来的。如果要把道理变成可完成的事情，就要学会通过现象找到实现道理的本质。实现道理，道理才真的有价值，不然道理没有任何价值。

在完成目标的过程中，需要使用很多方法和工具。世界上好的方法和工具太多了，我们要选择简单的、容易运用的、可应用性高的工具和方法，尽可能多学一些思考本质的思维工具和解决问题的方法。掌握其中有效的关键性工具和方法，然后反复训练，形成习惯和记忆。很多工具和方法都是演变或延伸出来的，思维底层的本质都是一样的，就像数学题，题目会有多种形式，但解题思路就一

个，万变不离其宗，我们只要掌握解题思路就好了。

"万物之始，大道至简，衍化至繁。"大道理的基本原理和规律都是极简单的。我们要学会把复杂的事情简单化，透过现象看到本质，本质的东西看起来都是很简单的，但是本质呈现出来的现象却是错综复杂的。我们要透过混乱的现象，取其精华，去其糟粕，抓住根本。

"真传一句话，假传万卷书。"当真正理解一本书、一件事、一门学科、一个行业时，我们往往可以用简单的几句话就描述出来。但当想了解一本书、一件事、一门学科、一个行业时，我们就要化简为繁，要展开思考、深入理解、分析探究、找论点、找论据、找案例支持等。这个过程会掺杂进很多东西，很多是个人理解的东西。如果掺杂的东西越多，需要思考的东西也就越多。所以很多道理大家都觉得是对的，但能被讲清楚的道理却很少。目标就相当于"真传一句话"，而完成目标的过程就是"假传万卷书"。

（一）小目标定结果

系统化思维的方法可以让我们将大目标分解成小目标，小目标分解得越细、越精准，完成大目标的可能性就

越大，小目标的完成情况决定了大目标的完成结果。从系统化思维的视角，可以将实现大目标的过程看成一个系统，将小目标看成大目标系统中的一个元素，小目标本身也可能是一个系统或其他系统中的一个元素，大目标系统中也可以关联或包含其他小目标系统。

系统中起决定性作用的是关键元素。系统目标一定大于关键元素目标，即使在这个过程中有些小目标完不成，也不影响大目标的完成。现实中，很多目标相对于个人而言有可能是完不成的。如果这些目标不是关键元素，那么这些目标的完成情况对大目标的完成情况不构成影响。如果我们把大目标分解得越小越多，完成大目标的可能性也就越大，小目标的完成情况决定了大目标完成的可能性。

（二）大目标定方向

生活中，大部分人往往按部就班地完成眼前的小目标，也就是现实生活中的一些现状问题。比如，上学的时候取得考试的分数，工作的时候完成工作的目标。大目标很少有人制定。成长的过程中也可能因为大目标不容易完成或者短时间内不能完成，很多人选择了放弃。

众多研究发现，有大目标的人才可能有更大的成就。

可以将大目标看成人生方向或愿景，我们要有自己的理想和抱负，而不要随波逐流。

"方向不对，努力白费。"如果方向错了，即使目标是对的，所有的努力也是没有用的。例如，一只小乌龟从河里跑出来玩，直到口渴了才想起来回家，可它已经走了离河很远的路。所以它现在的目标只有一个，就是回到河里喝水，但它只记得目标却不记得方向。目标（回到河里喝水）是对的，但结果会有两种：一种是找到正确的方向，很快达成目标；另一种没有找到正确的方向，做很多无意义的努力。所有的目标都需要由方向支持。人们常说要有追求，所谓的追求就是那个方向。

我们每个人都会有自己的小目标，且会不断去实现。例如，早晨7点起床，按时吃饭，坚持运动，减肥，完成工作目标等。但很多时候没有方向，没有方向，人就会迷失在生活里。人生短暂，有人终其一生都在为完成一个大目标而努力；有的几代人才能完成一个大目标；也有人一生碌碌无为。人生可以平凡但不能平庸，实现自我人生价值，人生才会精彩。

人生需要方向，需要有大的目标也就是大志向，目标定得越大，人生的成就才可能越大。完成大目标的前提是有效地完成小目标，否则大目标就变成了空想，长此以往，人们就不会设定大目标或不敢尝试更大的目标。目标越大，分解目标的难度或完成目标的难度就会越大。大目标分解成小目标的精准度越高，完成大目标的可能性就越大，完成的效率也会越高。每个人的人生都需要方向，我们做的每件事也都要有方向。方向是一种引领，也是实现更大目标的路径。

（三）目标实现的关键

1. 聚焦目标，锁定结果

在完成目标的过程中，一定要关注方向、聚焦目标。人在做事的过程中，很容易陷入点状思维，只做事而不思考对错及是否符合目标方向。对所有要做的事情，做之前应先确认方向是否正确，再确认目标是否正确，以减少不必要的浪费，更快速、更有效地完成目标。

"没有功劳，还有苦劳。"我们在工作或生活中常听到有人这么说。这个说法从人情世故的角度看没有问题，但如果从目标去思考，就会得出"到底是功劳重要还是苦劳重要"。功劳也好，苦劳也好，是否重要取决于目标。在完成目标的过程中，不管功劳还是苦劳，只要是为目标

服务的，就是重要的。如果不为目标服务，不管是功劳还是苦劳都是没有价值的。

2. 激发潜能，自我驱动

人的潜能是无限的，每个人都是一个宝藏。研究发现，普通人的潜能只开发了1/10，与其所获的成就相比，只利用了身心资源很小的一部分。研究还发现，人类储存在大脑内的能量大得惊人，平时只发挥了极小部分，有很大部分没有被挖掘和开发。

有这样一个故事：一个年轻人走夜路回家，路过一块坟地，掉进了一个深坑，试了几次都爬不上去。没办法，想等天亮了再求助，于是他就在角落里坐下休息。后来有一位老人也掉了下来。起初，这位老人也跟年轻人一样不断往上爬。年轻人见状说："别费劲了，我都上不去，您更上不去！"但就在这个时候，老人使劲一跳，居然到了坑的边沿，顺利爬了出去。这个故事告诉我们，当面对压力或身处绝境的时候，人的潜能往往更容易被激发出来。

每个人都有很大的内在的生命动力，需要我们自己发现并驱动，内在的驱动力影响着我们生命的质量。当我

们遇到事情时，通常习惯于向外求助，总想借助外在的力量。而往往真正让自己快乐的动力源于内在。自我驱动力才是生命的力量，只有生命的力量才能激发生命的潜能。

王阳明曾说，心外无物，每个人看到的世界都是自己想看到的样子，每个人看到的世界都是自己内心所追求的样子。好的人生需要不断探索和寻找生命的力量，激发自身的潜能。当能够找到属于自己生命的力量时，我们就可以激发更多的潜在能力。我们要找到引发自我兴趣的根本点，挖掘对生命成长的渴望力量，越渴望越能突破现状，潜能被激发的可能性也就越大。开发蕴藏的潜在能力，人生会发生巨大的变化，获得更大的成就。

3. 深度觉察，刻意练习

人是实现目标的重要元素，人对目标的影响是最大的。人是变量元素，在看待事件和问题上会受主观因素的影响，所以想要完成目标一定要认清客观事实，这就需要我们不断深度觉察自己，深入了解自己，对事件做出客观的判断。深度觉察相当于探照灯，帮我们照到我们忽略的地方，让我们在处理事情的时候能够更客观、更理性。

在生活和工作中，我们可以随时觉察自己，觉察自己

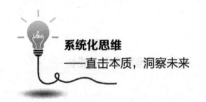
的情绪、行为、想法、认知、思维方式等。在觉察的过程中，可更深层次地问为什么，发现背后的原因，以便更有效地修正。觉察通过会让自己用更客观的视角看问题，觉察的过程也是爱自己的过程，是让自己变得更好的过程。

在觉察的过程中，我们会发现自身的优点和缺点，认识自己的惯常状态，觉察自我思维的底层逻辑，思考得越深，越容易找到本质。如果只觉察到行为有问题，只能从行为开始改变；如果觉察到思维有问题，就可以从思维开始改变；如果觉察到心智模式有问题，就可以从心智模式开始改变。觉察得越深刻，改变就越大。在日常生活中，很多时候，我们被惯性思维驱动，被经验主导。深度觉察是通过内省的方式，超越惯性，进而不断超越自己。

我们需要深度觉察自己，不只问一个为什么，还要经常问、不断发现，这个过程也是自己深度思考的过程。当开始深度觉察自己时，就会看清我们很多的行为惯性、思考惯性等是否合理。如果要改变我们长期形成的习惯，就要建立新的习惯，也就是刻意练习，刻意练习就是有目的的练习、反复主动的练习。

在深度觉察的过程中会发现更多的可能，觉察得越深入，解决问题的效率和速度就越快。如果我们找到根结，

再通过刻意练习把它们刻印在大脑里，就能形成好的习惯，即把觉察转变成了思维，将思维变成了习惯。

通过刻意练习，普通人也可以成为优秀的人。刻意练习不是简单的重复训练，而是超越性的、专注的重复训练。每一次训练都要心无旁骛、精进改善。刻意练习时可以不断加大每一次练习的强度，因为练习的过程也是持续改善的过程。

4. 坚持思考，持续改进

思考是一切行动的前提。长期坚持思考，才能保证目标完成的时效性。我们要经常使用大脑，经常使用大脑可以增加脑细胞的活跃度，使大脑保持健康且活跃的状态。坚持思考也是提高大脑思维能力的有效手段之一。每天坚持思考也是积累信息量的过程，当我们的思考总量够大时，思维就会发生质的变化。思考是思维形成的前提，长期思考的积累，才能形成思维模式。如果没有自己的思考模式，就很容易陷入点状事物中或者被别人的思考逻辑所影响。坚持思考也是培养独立思考能力的一种方法。

独立思考是一种能力，是人对万物认知的一种逻辑模式，我们都要建立自己的思考模式。没有主见的人就是不会独立思考的人，这样的人往往会被别人的意见和看法主

导，导致盲目随从或无所适从。独立思考是认知世界、产生自我价值的一种方式。每个人的世界始终只有自己，没有独立思考能力相当于找不到自己。坚持思考是非常必要的。

要完成目标必须坚持思考，思考得越多，目标完成的可能性越大，小目标完成得越多，大目标完成得越快。人与人之间的智商差距并不大。我们成人以后，拉开的人与人之间的差距，就是思考的时间和质量。坚持思考的过程也是持续训练的过程。

在完成目标的过程中，思考是第一步。要让所有的思考都转化为行动，并在过程中持续改进。持续改进的过程也是自我完善的过程，自我完善是我们一生都要修炼的功课。持续改进也是不断完善系统的过程。持续改进是保证目标完成的有效手段，是让系统保持不断优化的方法。持续改进可以让我们不断发掘好的方法，缩短现状与目标的距离，找到完成目标的最短路径。

持续改进的过程，也是习惯养成的过程。当我们养成很多优质习惯时，就相当于在系统中注入了优质的元素，不断优化、更新、迭代我们的系统。这些习惯会深入我们的所有系统中，保持系统层面的优质进化，也保持我们人生的优质进化。

第四章

系统化思维实现
幸福人生

一、建立系统化思维——自洽思维模型

建立正向系统化思维，即自洽思维首先要学会把控自己的知识系统，自洽思维是建立系统化思维的基础思考方式。

（一）自洽思维模型

自洽思维模型如图4-1所示。

图4-1　自洽思维模型

第一阶段：收集，要收集足够多的点状信息，也就是元素。

第二阶段：整理，将元素进行归纳、整理、分类。

第三阶段：辨别，辨别信息的真伪，确认元素的客观性，保留有效信息。

第四阶段：自洽，建立自我思考循环，确保思考过程的逻辑性和合理性。

第五阶段：评价，评价每个阶段的逻辑性和合理性。

自洽思维模型的五个阶段是一个系统循环过程，我们在思考时，可以遵循这个路径不断循环，精进我们的思维过程，准确地判断每个阶段和整个过程的逻辑性和合理性。

（二）自洽思维模型理解

自洽思维是指按照自己的理解对事物进行逻辑推理的循环过程。自洽思维模型一共分五个阶段，每个阶段又包含三个步骤，如图4-2所示。

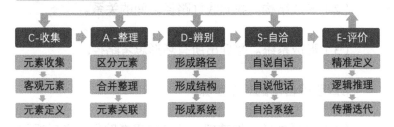

图4-2　自洽思维模型

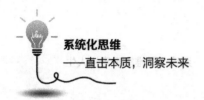

第一阶段收集的三个步骤：

（1）元素收集。收集需要思考的问题或事件的所有信息。

（2）客观元素。将收集到的主观信息调整为客观信息，保留客观信息。

（3）元素定义。对客观信息进行说明。

第二阶段整理的三个步骤：

（1）区分元素。将整理出的客观信息进行分类。

（2）合并整理。将同类别的信息进行合并、整理。

（3）元素关联。将整理出的信息进行关联。

第三阶段辨别的三个步骤：

（1）形成路径。整理出所有线性路径。

（2）形成结构。找到线性路径之间的关系。

（3）形成系统。整理出所有环形思考路径。

第四阶段自洽的三个步骤：

（1）自说自话。把整理出的环形思考路径，通过逻辑推理，用自己的理解描述出来，完成自我思考的自洽过程。

（2）自说他话。将自我思考的自洽过程分享给他人，通过他人帮助自己找到思考漏洞和不足，并重新整理和完善自我。

（3）自洽系统。保证自洽过程中单一系统的完整性，即所有元素之间都符合逻辑，没有矛盾，同一元素也不能出现两种解释，保证理解的统一性。

第五阶段评价的三个步骤：

（1）精准定义。在自洽过程中的每个元素都要保持不变，保证每次理解都是精准表达。

（2）逻辑推理。在自洽过程中，可以使用想象、演绎等方式，但必须符合逻辑推理的原则。

（3）传播迭代。持续传播给更多的人，不断精进和完善自洽过程，认可的人越多，说明自洽的能力越高。

对第一阶段到第四阶段的每个阶段都可以进行评价，以确保每个阶段的合理性，保证自洽思维的系统性。自洽思维的过程也可以理解为系统化思维的过程。

（三）自洽思维与系统化思维的关系

自洽思维是进行系统化思维的重要思维方式，在系

统化思维的线性思维、全面思维、整体思维、时间思维及升级与降级的思考中都需要自洽思维。我们先要学会自我思维的自洽，才能够把思维进行系统化。自洽思维也可以看作系统化思维过程中的局部思考。在系统化思维的工具中，每种思维方法和模型都可以单独使用，进行系统化思维时，可以根据实际情况进行调整和灵活使用。

进行自洽思维时，需要遵循以下三原则：统一理解、对称平衡、系统思考。自洽思维思考原则同样适用于系统化思维过程。具体理解应用如图4-3所示。

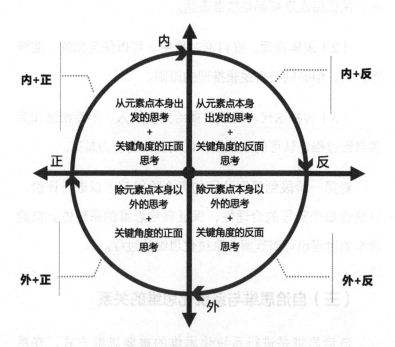

图4-3　自洽思维思考原则

1. 图形理解

图4-3为四象限图和自洽思维模型的合并组合。

（1）中心的点：元素点，确定思考点。

（2）横轴与纵轴：找到相呼应的或相对立的两个角度。

（3）四象限图：每个象限都是由轴线和关键角度组成的。

（4）圆形图与箭头：思考过程中整理出关键信息，再通过逻辑推理，将信息从第一象限到第四象限进行整合，完成思维闭环。

2. 原则理解

（1）统一理解：即保持信息的整体性、一致性。

（2）对称平衡：指轴线对称或者平衡。

（3）系统思考：思维形成闭环，并且可以循环思考。

二、建立正向系统化思维模式

每个人都应建立自己的系统化思维模式，让自己的

人生处于向上的、积极的发展系统中。吸引力法则告诉我们，心想事成的道理；墨菲定律告诉我们，事情总有变坏的可能性。我们所有的念头都会影响我们的人生，所以要吸引更多好的念头，帮助我们实现幸福人生。

（一）认识自己

了解自己是一生的课题。"我是谁？""我从哪里来？""我到哪里去？"目前，科学界依然在尝试寻找这些问题的答案，是我们每个人都想知道的。其实我们可以自己给自己答案：已知的自己和未知的自己。

1. 已知的自己

我们可以在自己的认知系统里找到答案。我是谁？把了解的自己和期望的自己描述出来就是答案。我从哪里来？可以是我们的家族、出生的故乡、我们的学校、所处的社会环境等。我到哪里去？可以是我们的人生目标、我们的愿望、我们想要到达的地方。实际上，我们可以在有限的生命里，设定很多自己想要实现、完成的目标。

2. 未知的自己

未知的自己比较难解释，建议用四个关键思考了解未

知的自己。

1）正确认识自己

正确认识自己是了解自己的开始。要正确认识自己，应从客观角度看自己，也就是对自己有正确的自我认知。自我认知从系统化思维的视角可以分为三个层次：①意识层，即可以被我们自己看到的现象层面。②前意识，需要刻意思考，才能看到现象层面背后的原因。③潜意识层，可能是未知的，由于各种原因沉淀在我们认知系统里。

在现实生活中，大部分人对自己的认知停留在意识层，更多关注现象。现象又分为客观和主观。我们在生活中，经常见到眼高手低、心比天高的人，追其根源是自我认知不准确、不清晰。我们往往最不了解的人是自己，人更习惯于先看到别人，而不是先看到自己。

当局者迷，旁观者清，我们更容易关注点状信息，而忽略了其他有效信息。建议尝试分层次地认知自己的行为、思维、个性等，只有了解了自己的个性特点，才能更好地与万物和谐共处。

有人问苏格拉底："世上何事最难？"他回答："认识自己。"人往往不是看高自己，就是看低自己。有时候我们

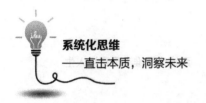

会喜欢自己，有时候我们会讨厌自己。

在低维的思考状态下很难正确，客观地认知自己，进行系统化思维可让我们跳出低维的思考模式，用更高的维度看待自己、了解自己，更客观地看自己。

正确了解自己，才能活成自己想要的样子，既符合世界的规律，又符合自己的个性，从更高维度思考所遇到的问题。

每个人都希望自己是完美的，现实中，完美是相对的。月满则亏、水满则溢、物极必反、否极泰来、此消彼长，这些都告诉我们事物发展到一定阶段就会向相反的方向发展。任何事物都不会一直好，也不会一直坏，这也符合自然规律。中庸之道，也是希望能够寻找平衡，用系统化思维平衡思考，寻找适合的目标，即用系统化思考的视角看事物。

2）时刻觉察

建立自己的思维化系统是一个长期刻意训练的过程，在这个过程中，需要时刻保持觉察，觉察过程中的自己、事件、环境等所有的相关信息，有觉察才可能有改变。保持觉察是保持自我反思和成长的重要方法，保持觉察可以

让我们超越习惯性反应，做出更合适的调整和改变。我们需要在遇见事情和问题时，觉察背后的原因，不断反省，进而修正和超越自己。

时常保持觉察，长此以往，我们才会看到自己的固化思维模式，看到了才能跳出原有的固化思维模式，才能有所改变，因为我们停留在原有的固化思维模式中，永远不会有变化。觉察也是自我觉醒的过程，即突破原有的自我禁锢，让自己变得越来越强大。

我们的认知系统一旦形成，这个系统由于惯性使然会自运转，潜意识里支持我们的行为、决策等。系统是很难被打破或影响的，觉察就是促进系统持续优化的有效方法。

3）关注情绪

情绪是一种心理状态。喜、怒、哀、惧是人的四种基本情绪。情绪时刻伴随我们，是一种本能状态。很多时候情绪很难被控制。每个人的情绪跟其认知、性格、基因等有关。由于情绪的形成比较复杂，所以不容易管理，但它可以影响自己和他人。我们首先要关注情绪，理解情绪的发生、发展，才有可能管理好情绪，管理好情绪我们才能客观地看待事物，冷静地分析事物。

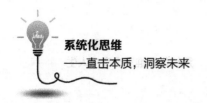

系统化思维
——直击本质，洞察未来

情绪直接影响我们对事物的判断，它不会消失，但是我们可以尝试疏导和控制它。

情绪没有好坏，所有的情绪都是我们自己的一部分，接纳情绪，对情绪有正确的认知，让情绪更好地为我们服务，而不要让情绪主导我们的思维和决策。

情绪分积极情绪和消极情绪两种。一般情况下，积极情绪对人有促进作用，但消极情绪通常会使人比较痛苦。情绪也会对事物的判断造成一定的影响，下面介绍管理情绪的三个小方法。

（1）深呼吸，通常指腹式呼吸。当我们觉察到情绪出现时，马上进行深呼吸。可以闭上眼睛，鼻子用力吸气，直到腹部隆起，再放慢速度把气体呼出体外。反复进行三次以上即有效果。可以根据情绪波动的大小，调整深呼吸的次数。深呼吸可以让情绪产生的能量，以气体的形式排出或转化，降低情绪对自身的影响。

（2）转移注意力，将当下的注意力进行转换或转移。尝试想想其他开心的事情，尝试换个环境，尝试做其他事情，如做些喜欢的事情。还可以尝试找朋友聊天、聚会。总之，我们可以用很多方法将情绪进行转换或转移。

（3）表达情绪，我们要学会用语言表达情绪。语言表达的过程也是整理思维的过程，这个过程可以让我们尝试用客观的视角思考和看待事物。

语言表达的过程是使用理性的过程，用语言表达情绪，可以让我们冷静下来。因为当我们用语言在表达的过程中，会不断调整逻辑顺序，最后完成自洽，这个过程可以让我们看到更多的原因和可能性，发现更多的客观问题。

我们还可以用文字书写的方式表达情绪，写下来可以查漏补缺，可以寻找更多、更准确的方法，进而使我们更理性、更客观地看待事物。

4）刻意进行深度思考

深度思考是指思考到思考不下去的状态。每进行一次深度思考，即将思维质提升一步。寻求本质和探寻根源，都需要我们进行深度思考，这里用一张冰山图（见图4-4）解释深度思考会更形象、更具体。

弗洛伊德提出的冰山理论，在很多地方都可以加以应用。图4-4中水面以上的部分就是呈现出来的现象，水面以下的部分就是需要深度思考的部分。我们主要从三个层面理解深度思考。

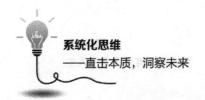

图4-4 冰山图

第一层：原因，即当我们看到现象时，要首先想想背后的原因，为什么会发生这种现象。

第二层：动机，当我们找到原因时，要继续思考原因背后的动机是什么，是什么样的想法和念头引发的。

第三层：根源，当我们找到动机时，要继续思考动机的根源是哪里，是什么让我们产生了引发动机的想法和念头。

第四~N层：还可以继续进行深度思考，根源的原因又是从哪里来的，是怎么形成的。

总之，我们可以一直思考下去，能思考到哪层，哪层就是你要找的逻辑底层，底层逻辑挖得越深，说明你对事物或问题判断的精准度越高，能彻底解决问题的可能性

越大。

从系统化思维的视角思考，我们能够层层剥开，寻找到问题的最深层原因，每层都可以看成一个系统，透过系统找最底层的原因，解决层级越深的问题，我们所解决的问题或系统也就越多。反过来，问题也是一层一层形成的，看到冰山上层的现象，也都是这样形成的。

举例分析

案例：到花店是为了买花，还是有其他原因？

事实现状：到花店买花（我们看到的、知道的）。

思考：到花店里买花，还是有其他原因？（背后的原因）

第一层：原因（为什么）。甲：想美化环境，净化空气；乙：送朋友；丙：改善心情。

第二层：动机（引发原因的原因）。甲：调整心情；乙：促进友情；丙：调整情绪。

第三层：根源（引发动机的原因）。甲：调动积极的心态；乙：无；丙：改变消极的状态。

第四~N层：……甲：努力工作；乙：无；丙：无。

在上面的案例中，甲、乙、丙每个人的答案可能都不一样，每个人思考的深度也不一样。每次思考的最深的那层就是问题本质，每个人看到的底层都可能不一样，这跟个人的思考能力有很大关系。注意，不是所有的事情都能思考出很多层，也许只有一层或二层，底层思考主要还是看什么事件或者什么人物或者什么问题。可以将第一层到第N层一层一层剖析下来，也可以从N层，层层深入反向思考，从正反两个过程也是相互辨证的过程。

思考是人人都会的；深度思考需要刻意练习，长期坚持训练即形成深刻的思维模式。深度思考的过程也是知识积累的过程，知识积累的过程也是深度思考的过程，也可以看成一个系统，支持个人成长很有效的系统。

对于成人，人与人之间最大的差异是自律性。什么是自律性？简单理解，能长期做一件事就是自律。世界上有所成就的人，大都属于这类人。并不是因为他们多聪明才会取得大的成就，而是他们长期做一件或多件正确的事情。

3. 系统认识自己

人生中需要不断面对问题，解决问题，我们要学会不

断系统化认识自己，完善人生。从系统的视角认识自己，每个人都是"完美"的，不存在好坏、美丑。我们需要跳出点状的、线性的、片面的思考维度思考问题。认识自己的过程，还要不断平衡自己所处的系统，不断找到更适合的答案，成就完美人生。

举例分析

我不够优秀？

我演讲水平不行？我水平不行？

我写字不好看？我不好看？

或者，某某比我学习好？某某比我好？

某某比销售能力好？某某比我能力好，等等。

以上问题，我们在生活中经常遇到。那么如何用系统化思维分析这些问题，是我们需要思考的。

（二）使人生进入正循环

每个人都希望自己的人生是幸福的，对幸福的人生充满了渴望。每个人对幸福的理解各不相同。如果一定要用具体现象描述，可能会是身体健康、家庭和睦、事业有

成，也可能是有房子、有车子、有饭吃等，这些现象都在人生的正循环系统里，所以我们要进入人生的正循环系统，就能拥有幸福人生。

列夫·托尔斯泰曾说："幸福的家庭都是相似的，不幸的家庭却各有不同。"对于个人幸福也是一样的，幸福的人生千篇一律，不幸的人生各有不同。很多时候，我们发现，当我们心情不好的时候，好像遇到的都是不开心的事情，主要原因是情绪影响心情。下面我们可以从系统化思维的视角看看根本原因是什么。

举例分析

生活中，很多人都很排斥一大早发生不开心的事，认为早上发生不开心的事，会影响一天的方方面面。

点状思维：一大早发生不好的事情这个现象，是一个点状信息，可以看成一个元素点。

线性思维：元素点直接带来的影响就是心情，心情作为一个新的元素点，分解到其他现象中。

全面思维：心情不好的元素点，引发其他现象，也就是可能影响跟心情有关的所有事情。

整体思维：每个人都是社会中的人，心情不好的元素点不只影响我们自己的系统，还会影响其他人的。

点、线、面、体，整个思考过程本身可以看成一个系统，每一个思考层级也都可以看成独立的系统。早上有不好的事相当于一个负面元素，负面元素进入系统中会影响系统中的每一个元素，也就是呈现出来的每个现象都不好，映射到自己身上就是感觉整个人都不好。

对以上的思考分析还可以做得更细致，就是把点状信息再细化，分别进行系统化思考。如一大早发生不好的事情，还可以看成早晨和不好的事两个点状信息。早晨这个信息是人一天的时间系统中的一个元素，早晨相当于起点，所以它影响时间系统中的所有元素，也是影响一天的心情的关键点。不好的事影响的是情绪系统，情绪不好同样影响所做的事情。

当学会从系统和元素的视角看待事情时，我们就会变得更理性、更客观。如果我们把身上的负面元素带入跟自己有关的所有系统中，那么跟自己有关的所有呈现出来的现象也都是负面的。如果我们不想被负面信息影响，就要往自己的系统中注入正面元素，影响系统或者跳出被影响的负面系统，建立自己的正循环系统。

1. 系统看"自己"

每个人在这个世界上都是独一无二的，世界上找不到完全相同的两个人。通常，我们看到的相同，是共性或者相似。每个人的生命都是短暂的，我们的后代是我们生命的延长，人类生命在延长，我们可以在更长的生命周期中总结共性。

传承也是人类的一种延续。我们所有的研究都是在前人研究的基础上。总结而来的，取其精华，去其糟粕。千百年来，通过时间检验的成果，我们才可以放心使用，我们总在找寻规律，然后借鉴，让自己能够站在前人的肩膀上成长。

举例分析：系统化思考自己

点状思维：只看到自己，自己的个性、认知等只关于自己的。

线性思维：自己和环境产生的连接，自己和工作、家庭等的关系。

全面思维：自己和社会产生的连接，自己和地区、国家、世界等的关系。

整体思维：自己和万物产生的连接，自己和办公场所、家庭、国家等产生的连接。

时间思维：自己和时间产生的连接，每个时间点上不同的自己。可以有两种情况：一种是自己不发生改变而时间发生变化；另一种是时间不发生改变而自己发生变化。

系统思维：成长周期的时间线把点状思维、线性思维、全面思维、整体思维连接起来，使得我们从系统思考的视角进行思考。

系统化思维：从点状思维到整体思维的思考过程，构成了我们系统思考的整体过程。可以单独从点状思维、线性思维、全面思维、整体思维、时间思维思考，也可以从两个或两个思考视角以上进行系统化思考。

在生活中，人们经常会陷入点状思维或线性思维中。点状思维和线性思维的思考视角，并不能使人完整看到自己，只有通过系统化思考我们才能看到完整的、客观的自己。

2.看见"自己"的未来

将来是未知的，没有人知道未来的真实样子，我们对未来的判断都是预测出来的。人们往往通过时间线感受

未来，而每个人对未来的定义都不一样，按时间的发生和发展看未来，下一秒、下一分钟、半年后、一年后、十年后、百年后等都是未来，未来可短、可长。

就个人而言，未来意味着年龄的增长。未来代表希望和动力，每个人想要完成的都可以在未来实现。我们从过去来到了当下，不能决定我们整个人生，未来可期是我们终生的奋斗目标。未来会一直在，它引领我们走完人生。

1）看见自己的未来

看见人生的希望，未来最大的价值是一直让我们活在希望中，使我们对未来充满憧憬和畅想。可以从两个方面看未来。

（1）可以做到的。设定一些自己有把握完成的目标，如每天早上7点起床、每天晚上读书半小时、每天运动半小时、学习专业课程等，从简单的目标任务开始，一点点加大任务的难度。每个人的优势和劣势都不相同，困难和简单是相对的，所以一定要结合个人的实际情况设定目标，要不断达成小目标，为达成大目标做准备。

（2）很快可以实现的。制定一天的、三天的、三个月的、六个月的、一年的、三年的等短期目标。时间期限可以根据自己的实际情况设定，有些人今天都不知道明天做什么，有些人可以清楚地知道半年后做什么、一年后做什么。每个人结合自己的现状可以从一天的目标做起，慢慢地一点一点推进，如从做一天的目标到一年的目标、三年的目标、五年的目标，实现可以遇见的未来，不断增加自己的信心，为实现更难的目标做积累。

2）畅想未来

可以理解为长期目标，也可以从两个角度思考。

（1）理想的自己。期望自己成为什么样的人，可以是管理人员、技术人员、科学家、学者等各种角色，也可以是自己的偶像。我们要成为那个理想的自己，给自己画一个像，用语言描述出这个画像，描述得越详细、越准确，实现的可能性越大。

（2）理想或愿景。可以包括未来想要的生活、工作等，一切与你有关的环境因素（这个环境因素可以包括其他人），然后为我们所期望的理想生活奋斗，并在脑海里勾画这样的情景。情景的画像越清醒，完成的动力就越强。

我们可以充分发挥自己的想象，设定一些看似完不成或根本完不成的，也可以是短时间完不成或没有能力完成

的目标。总之，可以无限想象，它既可以是我们一生都为之奋斗的理想，也可以是我们一生都想要的生活。

3. 适合"自己"的方式

佛说"一切唯心造。"每个人看到的世界都来自自己的眼睛，每个人都有自己的喜好、个性、习惯、认知。我们要学会看到独一无二的自己，了解自己，欣赏自己，喜欢自己。很多时候，我们会因为外力的阻抗而不敢做自己，常常会委屈自己。

生而为人，我们就要遵守做人的规则，这些规则无论是自然规律还是时代规律，是国家标准还是家族标准，都是需要我们遵守和思考的。

一切都在发展和变化中。面对复杂的生活环境，我们需要学会在生活中寻找自己，学会在自己喜欢做的和需要做的之间进行平衡，只有适合自己的，才是最好的。人一定在最好的状态才会做出最好的结果。

从系统化思维的视角深度理解自我，可能在点状思维和线性思维的思考下觉得自己不错，如果从更高的系统，如未来，结果不一定是好的。系统看待自己，思考的系统越大，选择才会越合理。

生活中，永远不要羡慕他人，因为你不是他人，也成不了他人。每个人都有不同的遗传基因，每个人都有不一样的境遇，每个人都有不同的人生，谁都不会成为谁。我们只需要和自己比较，给自己设定目标，找到适合自己的人生，因为适合不适合只有自己知道。

他人眼里的我们都是他人认为的，我们眼里的他人也是我们认为的。有人说：如人饮水，冷暖自知。佛说：悲喜自渡，他人难悟。我们体会不了他人，只能体会自己。

（1）了解自己的喜好和习惯。要了解自己喜欢什么、不喜欢什么。喜欢不等于习惯，喜欢是一种感受。是否适合，以自己的习惯为主、喜欢为辅。比如，很喜欢干净的地方，但是自己待的地方不一定干净，所以不能仅仅喜欢，一定要有良好的习惯。我们会发现，有些事是自己喜欢做的，而有些事是自己不喜欢做的，很多时候自己也不清楚为什么喜欢与否。其实，我们要了解自己内在的驱动力，不要刻意为之。

（2）自己感兴趣的和想要做的。适合的一定是自己想要做的。想要做不等于感兴趣，感兴趣不一定想要做。是否合适，以自己想要做为主、感兴趣为辅，想要做比感兴趣做动力更大。合适的前提首先是自己的需要，否则"合

——直击本质，洞察未来

适"只是暂时的，暂时的合适对于长期的需要更多的是伤害。

综合以上两点，我们要以自己的喜欢和需要为主，以"我"为中心的思考才是最有价值的。

4. 预见更好的"自己"

让自己进入正循环系统，才能遇见更好的自己。不断建立和修正自己的循环系统，一步一步让自己变得越来越好。如何建立我们自己的正循环系统？可以从能量层级进行思考和判断。霍金斯情绪能量层级把人的意识从最低的羞愧到最高的开悟映射在1~1000之间。其中又分为两个层次：

（1）正能量：175~200为勇气，201~250为淡定，251~310为主动，311~350为宽容，351~400为明智，401~500为爱，501~540为喜悦，541~600为平和和601~1000为开悟。

（2）负能量：1~20为羞愧，21~30为内疚，31~50为冷淡，51~75为悲伤，76~100为恐惧，101~125为欲望，135~150为愤怒和151~175为骄傲。

正循环系统需要不断注入正向的、积极的能量元素，促进或保持系统积极向上的状态。注入正能量会让整个系

统充满正能量，同样注入负能量会让整个系统充满负能量。想要自己更好，就要让跟自己有关的系统更好，人是核心元素，情绪能量又是核心的核心元素。

感性和理性组成人的整体情感，这是人与其他生物最大的区别。进行系统化思维属于人的理性化思考，而情绪是人的感性体现，理性是能说清楚的，感性则相反。

我们应建立自己的正循环系统，以人为中心，以自己为中心，除了理性思考，还要增加感性的部分。理性思考只有正确和错误，不存在好坏，而感性思考，只有好坏，不管是否正确。

建立人生的正循环系统的目的就是为了让人生更美好、更幸福。要在自己的系统中不断加入正能量的元素，把事情做对。只有学会感性和理性的和谐统一，才会遇见更好的自己。

人在一生中，既要学会理性也要学会感性。过于理性的人会变得无情，过于感性的人会变得无知，人生正循环系统让我们在理性与感性中得以平衡。

第五章

系统化思维应用场景

系统化思维可以帮助我们分析各种人、事、环境，以及三者之间的关系，可以运用在各种场景、各个方面。系统化思维是所有思维的底层逻辑，也是所有思维的顶层逻辑，是系统化的整体过程。系统化思维可以把我们看到的各种零散的现象进行有序的整理、编排，形成具有系统性的整体。系统化的概念是客观的，系统化思维需要不断完善自身的知识体系，系统化思维会不断拓展我们的知识边界。

系统化思维可以指导我们个人成长、家庭关系、工作规划，同样也可以应用在团队管理、组织发展等各个方面。不管是个人还是组织都是以系统的形式存在的，系统化思维可以让我们用理性的视角看这个世界的万事万物，是一种隐形的思维方式。遵循系统性原则是系统化思维的核心主体，不论我们从点状思维、线性思维、全面思维、整体思维还是时间思维角度，都可以将系统性原则作为思考模式。

系统化思维是一种思维方式，告诉我们，如果想要实现各种成长，都可以从点状思考开始，没有人或组织可以同时保质保量地做很多事情，但是我们可以从每个点状思

考开始不断成长，不断积累点状思考的目标，这是系统化思维成长过程中很重要的部分。系统化思维能让我们看到事物的本质，做最有效的事情，花最少的时间，创造最大的价值。

这个世界是圆的，只要我们坚持做事，目标是正确的，就一定会有结果，不同的是完成的时间长短。如果过程中一直有小的失败，没关系，因为成功是无数个失败堆积起来的。系统化思维可以让你在目标完成的过程中，减少失败的次数，缩短过程的时间。

我们可以从系统化思维的视角思考问题，但是做事的时候，需要落在点的状态上，一步一步踏踏实实地做。可以想很多，但是不能同时做很多。人的精力是有限的，把精力用在哪，结果就在哪。思考很多是为了方向，为了计划，为了做得更有效。一点一点做是为了完成计划，完成更大的目标。抬头看天，天空很大，低头走路，还是要一步一步完成。升维是让我们看得更多，而降维是让我们做得更有效。

系统化思维是现代社会最需要学习的思维方式，它可以应用在各个领域，是以不变应万变的有效方法。系统化思维是底层的本质不变的部分，是让我们从客观的、理性

的思维视角看世界，让我们用正确的方法做最有效、最合理的事情，让我们在人生有限的时间里做更多有价值、有意义的事情。

一、打破思维定式，实现智慧成长

"我"是人生的所有起点，也是终点。"我"的所有系统都是由"我"开始，到"我"结束的。系统化思维也是人类独有的思维方式，它可以以复杂的形式出现，也可以以简单的形式呈现。"我"是系统化思维的客观主体。系统化思维可以应用在个人成长的三个方面。

（一）个人成长与规划

对自我成长规划一定要进行系统化思考，通常，有朋友会抱怨上大学所学的专业跟工作所处的行业没啥关系，这些是成长过程中缺乏系统思考造成的，是由于当年在选择专业的时候只用线性思维思考的结果。如果我们能够用系统化思维的方式在人生的各个决策点做出判断，就会选择比较适合自己的人生之路。每个人都需要做自己的人生成长规划，让自己少走一些弯路，多达成一些人生的目

标，少做一些让自己后悔的事，多得到一些幸福。

作为芸芸众生的我们，往往只看到脚下的路，却看不清未来的路。系统化思维可以让我们从客观理性的视角看人生的路。

人生包含了过去的人生和未来的人生，是一个整体的系统。系统化思维能使我们看得更全面，更准确地判断我们的未来，通过已知推理出未知，得到未知是科学的、可行的。我们对自己的过去了解有多深，就对自己的未来判断有多准确、多合理，我们的过去支持着我们未来的发展。

举例分析：系统化思考人生规划

第一步：升维思考

点状思维：以自己为元素点，把自己看成客观存在、独立的个体。

线性思维：把自己和目标之间的线性关系呈现出来，这里的目标是人生规划。可能出现的线性思考有擅长什么、喜欢什么、想做什么、能什么、可以做什么、应该做什么、必须做什么等。

全面思维：全面了解自己的个性、自己的能力、所处的环境、自己的资源等。

整体思维：能够从家庭、社会、时代发展思考个人的成长。分析所在的家庭和家族，分析所在的地区、国家和世界，分析所处的时代。

时间思维：从过去、现在、将来思考个人的成长。以我为中心进行思考，过去的我、现在的我、将来的我，这个路径是人生规划的主要路径。这个主要路径也可以是家人的期望、老师的期望或者身边其他重要人的期望。

第二步：降维思考

时间思维：思考自己的未来，勾画自己未来的场景。这个场景可以是自己期望的，或是身边重要人期望的，但一定是自己想要完成的。

整体思维：为了达成未来的目标需要哪些资源，如家族资源、社会资源、发展资源等。

全面思维：整理并分析可用的资源，全面了解自己的个性、自己的能力、所处的环境等。

线性思维：整理出关键信息并进行决策，如擅长什

么，喜欢什么，想做什么，能什么，可以做什么，应该做什么，必须做什么等。

点状思维：完成点状目标，个人人生规划。

第三步：系统化思维

升维思考与降维思考构成系统化思维的整体路径，从点状思维到时间思维可以理解为零维空间到四维空间的思考，从时间思维再到点状思维可以理解为四维空间到零维空间的思考，如此形成系统化思维的闭环思考，这个过程也是相互补充、验证、判断对错的过程。整个思考路径也是一个取舍和选择的过程。系统化思维是最好的平衡工具。

人生是一个平衡的过程，包括欲望与现实之间的平衡，精神与物质之间的平衡，自我与他人之间的平衡。

以上是个体本身的系统化思维路径，每个思维层级还可以更细致地进行分析、推理，也可以对点状思维到时间思维中的任何一个认为重要的点状元素，单独进行系统化思考。在做人生规划时，思考得越细致达成的可能性越高。要想得到准确的结果，就要把关于人生规划的所有系统都梳理出来。对于系统中所含的元素都可以进行精准的

分析，对关键系统和关键元素，一定要做细致精准的分析和推理，如此我们做出的人生规划才会更合理、更有价值。

以上思考路径适用于任何人，只需要替换思考的元素点即可。

（二）亲子关系

新时代的亲子关系是所有家长都关心的话题，系统化思维让家长知道如何正确认识孩子，培养孩子。作为家长，要学会用系统的眼光看孩子，要看到孩子成长中更多的可能性，要用合理的方式培养孩子，支持孩子的成长。

1. 举例分析：系统看待孩子

思考过程（一）

点状思考：从点状现象看孩子，只能停留在现象层面。生活中很多家长都停留在这个层面看问题，只看到孩子的行为，就做出对孩子的判断。

线性思维：能够看到孩子行为背后的原因，思考孩子为什么会有这样的行为。

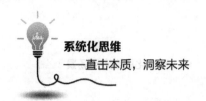

全面思维：从孩子的个性、成长经历等看到行为背后的原因。

整体思维：从家庭、学校其他角度看到孩子行为背后的原因。

时间思维：从人类发展、家庭形成看到孩子行为背后的原因。

思考过程（二）

时间思维：以孩子的人生时间线看孩子。

整体思维：从孩子所处的环境看孩子。

全面思维：从孩子的个性、习惯等各方面看孩子。

线性思维：从显现和结果之间的关系看孩子。

点状思维：看到的所有现象都值得系统分析。

这个系统化思考的路径只是从孩子个人成长的大系统进行分析的，这个大系统还可以延伸出很多小系统。以上是给大家提供的思考路径。在遇到问题时，大家都可以参照这个路径思考。我们可以分析系统、拆解系统，也可以分析系统中的元素、拆解元素。分析、拆解得越细，得到

的结果越精准。

2. 举例分析：如何判断孩子好与不好？是否优秀？

我们常常会用"好与不好""是否优秀"看待孩子。好或不好、优秀或不优秀都是我们定义的，没有标准。有些家长认为，学习好就是好孩子，听话就是好孩子等。这些定义都跟家长的认知和学识有关，只要有定义，就是在用点状思维。当用线性思维时，我们会发现好与不好、是否优秀都是相对的，是有前提的。当用全面思维和整体思维分析时，我们发现我们认为的好与不好、是否优秀可能是从某些习惯上或某些能力上判断的。当用时间思维分析时，我们发现好与不好、是否优秀也有可能是某个时间段上的现象，从时间线上看也可能好的会变成不好的，优秀的会变成不优秀的。

何谓孩子？之所以称为孩子，就说明他的一切都在成长过程中，不具备成人的能力。家长不能用成人的眼光和思考视角要求孩子。正确看待孩子一定要用系统化思维的方式，要看到孩子的整体状态，即跳出点状思维、线性思维，用全面思维、整体思维、时间思维，以及系统化思维的方式看孩子。家长看到的孩子的系统决定孩子的成长和培养方式，家长看到的系统的高度决定孩子的成长方向。

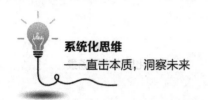
"妈宝男"是在亲子教育领域常听到的一种说法，主要原因是孩子成人以后，家长仍然在用孩子的标准教育孩子，这也与中国的传统思想有关。在父母眼中，孩子永远是孩子。这些说法都没有错，只是隐含的前提和假设是不同的。家长要系统地看待孩子，在孩子的每个成长阶段给予合理的支持和帮助。

培养和支持孩子成长的关键点：

（1）正确认知孩子。家长要清楚地知道孩子成长过程中的正常现象，如几个月会翻身、几个月会爬、几个月会走路、几个月会说话、多大是孩子的记忆力提升关键期等。对这些内容很多书籍和育儿课都有所介绍，研究也已经相对成熟，家长可以学习。

（2）给孩子设定合理的目标。给孩子提要求也相当于给孩子提目标，这个目标对孩子来说一定是合理的。在孩子成长的过程中，其自信心的培养非常重要，所以目标的设定一定让孩子在正常状态下能够完成，目标的难度可以一点一点加大，而不是无限度提升。

（3）系统看待孩子，不贴标签。每个孩子都是优秀的，不能因为社会环境或者家庭环境的要求，忽略孩子的其他优点。例如，上学一定要学习好，但有些孩子可能学

习不好，但画画好、唱歌好等。家长一定要学会平衡，从系统的视角平衡孩子的各种问题。

孩子的思维方式一般会是点状思维和线性思维，全面思维和整体思维至少要初中以上的孩子才具备。当家长总是用点状思维教育孩子时，孩子也很容易陷在点状思维里，通常的表现是你说孩子不好，孩子就认为不好，或者，孩子认为好就好，孩子认为不好就是不好。从很多现象都可以看到，孩子的想法是很简单的，因为他还是孩子，这是需要父母注意的。我们想让孩子懂得多一点，这很难实现，因为孩子成长需要过程。

我们身边所有的励志故事，更深刻地告诉我们，人生都是有起伏的，没有谁一直好，也没有谁一直不好。我们更多的是看到别人的好，看到自己的不好。我们要学会看到别人的好与不好，也要看到自己的好与不好，要学会客观地看待一切。客观和理性地看待我们的孩子非常重要，家长要学会把感性用在情感上，而把理性用在培养和支持孩子上。

（三）夫妻关系

系统化思考夫妻关系，可以让我们在饱尝浓情蜜意

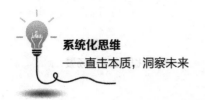

后，每天面对柴米油盐时能够更系统地理解夫妻关系，而不是只靠爱情一个点状元素或其他的点状元素处理夫妻关系或家庭系统。夫妻关系之所以复杂，是因为背后隐藏的系统多，夫妻两个人组成一个家庭系统，背后还有每个人的家庭系统、社会系统等。夫妻要面临的往往不是两个人，而是众多系统。

我们要从系统化思维的视角看夫妻关系。如果系统中的元素是正向的，如恩爱、认同等，系统就会保持正向、稳定，呈现出和谐的夫妻关系。如果元素是负向的，如经常吵架、意见不统一等，系统就会崩溃。从系统化思维的视角可以更客观地看待夫妻关系，大家也可以从系统的视角干预夫妻关系的呈现。

分析夫妻关系要从三个层面入手：

（1）丈夫的个人系统。

（2）妻子的个人系统。

（3）丈夫和妻子的共同系统。

建立良好的夫妻关系，要先了解所有的相关系统，最重要的是夫妻关系中的核心元素。在生活过程中不断加入正向的元素，可使系统保持平衡及积极向上的趋势，保证

夫妻及家庭关系的和谐。

从系统化思维的视角更容易理解如何经营夫妻关系和家庭关系。

举例分析：从生活现象出发思考，以结果定目标

（1）点状思维：从夫妻生活现象出发思考夫妻关系。

在生活中，我们遇到好的事情时往往不会过多思考，而遇到不好的事情或者困难时才会深入思考，夫妻生活的常见现象如意见不统一、吵架等。

（2）线性思维：从生活琐事的背后思考和寻找原因。

对于生活中发生的一些现象，我们要主动思考背后的原因，至少要知道是什么原因引起的，才有利于解决问题。

（3）全面思维：能够从夫妻双方的性格、价值观、习惯等多维度看待夫妻关系。

即从线性思维深度思考夫妻关系，从双方的性格、生活习惯、对生活的认知（价值观）进行分析，分析喜欢什么、不喜欢什么，以及认知的对错、好坏等生活细节。

（4）整体思维：从夫妻各自的成长经历、社会环境看

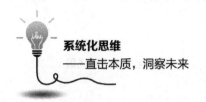

待夫妻关系。

我们的性格、生活习惯、价值观都和我们的原生家庭、从小所处的社会环境等有非常大的关系。每个人都经历过从不习惯到习惯、从不会到会的过程，这个过程也是经验形成的过程。经验的形成也是底层认知和思维形成的过程，底层的认知支撑我们的行为和呈现的状态。

（5）时间思维：从时代和社会发展看待夫妻关系。

夫妻关系跟国家和民族文化有很大关系，各国的夫妻关系都可能不一样。我国民国时期开始推行一夫一妻制，以前我国女性的社会地位一直是偏低的，她们更多是相夫教子的角色。这些观念都跟社会和时代的发展分不开。例如，农业时代是以男人为主的时代，长期的固化思想、习惯都会影响现代社会夫妻关系的认知。

现代社会开始进入工业时代，劳动力渐渐被机器取代，人与人之间更多拼的是脑力，很多女性开始独立自主，尤其进入信息化时代以来，越来越多的女性可以独当一面，很多现代女性既要照顾家庭又要工作。"男主外，女主内"的说法更适合农业时代，现代社会的夫妻一定是共同经营家庭。随着社会和时代的发展，夫妻关系一直在发生改变。如果我们想有良好的夫妻关系，一定要用系统化

思维的方法，要看到更大的系统，从更高的思考视角正确认知夫妻关系。

通过系统化思维找到问题的本质，从本质上解决问题。我们思考得越深入，找到的本质就越精准。找到问题的本质，再用系统化思维方式调和夫妻间的平衡，把双方的不同方面朝相同方向调整。每个人的人生都不容易。我们常看到别人的幸福人生，会说别人命好，这是感性思维的表达。从理性思维的视角，可以理解为这个人的人生系统是正向系统，做了很多对的事情，也就是点状元素影响了整个系统呈现。我们看到的幸福的人生，本质上是走对了路，做对了事情。

二、提高管理认知，实现团队成长

组织是按照一定方式相互联系起来的诸多系统，组织的整体效能提升，需要组织系统的成长。系统成长意味着系统中元素的成长。

（一）组织中系统的关键元素

（1）目标，明确的使命或愿景，确定的战略方向和

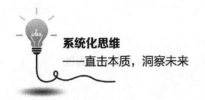

目标。

（2）团队，组织中的人构成团队。

（3）环境，所有与目标和团队相关的现象。

在运作过程中，组织由于目标、团队、环境相互作用而呈现出多系统，引发众多元素点。组织系统中的关键元素决定组织系统的存亡，由关键元素引发的其他元素决定组织系统的发展。组织系统中所有元素点的提升，都会引发组织系统的提升，关键元素的提升会引发系统的较大影响，其他元素只能引发系统的细微影响。

组织系统中的团队元素是系统的核心元素，这跟世界的大系统吻合。我们看到的世界是以"我"为中心的，上升一个层面可以说以人为中心，这个世界的一切都是以人为始、以人为终。团队是由基层和管理层组成的一个共同体，团队中的所有成员都是元素，管理层可以理解为团队系统中的关键元素。团队系统中的单一元素成长或所有元素成长都代表团队成长。

1. 举例分析：初创型公司

由老板一个人支撑的初创公司，是最典型的单一元素成长型公司。单从利润目标和事情结果看，在这种类型的

公司中，老板作为系统中唯一的关键元素，会比较辛苦，风险也比较大。关键元素决定系统存亡，一旦老板出现问题，系统必然崩塌。一个关键元素支撑整个系统的公司格局，也注定系统规模小，关联系统少。

这种公司的生存格局更符合个体工商户的经营模式，只要维持现有系统的生命力，保持系统中关键元素的存活，系统就可以稳定生存。

2. 举例分析：成熟型公司

靠研发、团队、流程等发展的公司，不是靠某个或某几个关键元素存活的公司，通常是我们看到的由众多业务模块组成的大公司。这种公司的生存和发展，不会依靠系统中几个关键元素的决策，主要依靠众多系统和众多关键元素的共同支撑。

这种公司通常由众多系统构成，也有众多关键元素。公司系统中的某个系统消失或某几个关键元素消失都不会对公司系统造成大的影响。公司中的系统越多，越会让各系统间达成平衡状态，公司的整体责任分布在公司的各个系统中。这种公司通常依靠的是团队的力量，而不是个人的力量。即使系统中的关键系统或关键元素出现问题，也

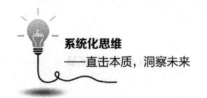

不会马上让系统受较大影响。

对于公司主体，承载的系统越多，消亡的可能性就越小，相反，承载的系统越少，消亡的可能性就越大。系统越健康，系统中的元素就越健康；系统中的元素越健康，系统就越健康。系统的健康决定系统主体的健康，也就代表着公司的健康。

3. 举例分析：现代企业为什么要做股权激励

团队是组织系统中的核心元素，组织系统的成长和改善，需要改变系统中的所有元素。通常情况下，改变系统中的全部元素不容易，而改变单个元素较容易，因此可以从关键元素开始改变，这样对系统的影响也大。

团队系统由人构成，对人进行激励，就是促进和激发整个团队的动能。例如，股权激励是把团队中的关键元素或全部元素进行捆绑和提升，以达到团队的整体动能激发和改变，团队的整体成长会带动整个组织的稳定和发展，是点带面、面带点的整体系统循环过程。

现代企业做股权激励，是对核心人才的一种长期激励方法，是保证企业系统稳定和发展的有效手段，针对的是企业系统中关键元素的核心元素的能力推动，是让系统内

部关系变得更紧密，元素与元素间相互制约，系统与系统间相互制约，对核心系统及核心元素进行长期激励，以达到长期保持企业系统的运营。

（二）团队成长中的关键性思考

1. 人

组织中的所有人组成团队，团队中的所有成员都是团队中的元素，领导岗位是团队系统中的核心元素。

2. 事

完成组织目标的过程中产生的各种事情。

3. 环境

团队所处的全部环境。

团队在成长过程中，最关键的因素是人。每个人的成长都代表团队整体效能的提升，个人成长与团队成长不可分割，二者最大的差异点是目标。如果是完成团队目标的个人成长，那么个人成长决定了团队成长；如果是完成个人目标，那么个人成长对团队成长的影响微小。

在系统化思维中不能缺少点状思维、线性思维、全面

思维、整体思维和时间思维，同样点状思维、线性思维、全面思维、整体思考和时间思维也不能忽略系统化思维，这是一个不断系统化循环的过程。整个过程的目标尤为重要。目标的设定和完成的过程，决定了结果的呈现。有目标一定会有结果，完成目标的过程就是呈现结果的过程。如果我们的目标是团队成长，那么最佳的状态是团队的所有元素都成长，达成团队系统的整体成长，或者团队系统中的一个或几个元素成长，带动系统的成长。就团队成长的目标而言，最优的成长方案就是团队中所有元素成长而推动团队系统成长。

团队系统由团队中的元素组成，团队中的元素影响团队系统。作为企业，团队中元素的选择非常重要，企业在选人用人时非常关键。我们在电视剧或电影中经常看到，特种部队都是由优秀士兵组成的，这种团队一定是优秀的，因为这个团队系统中的每个元素都优秀。

（三）团队成长中的系统化思考流程

团队成长中的系统化思考流程如下：

（1）从组织层面思考战略目标。

（2）拟定战略目标，整理团队的能力元素指标。

（3）提升各项能力元素指标。

　　每个人实现团队能力的指标都提升，就意味着团队指标的提升。从系统的视角看，如果能够做到每个人提升，团队的成长就是倍增的。团队中单一元素的提升（个人提升），带来的团队提升是点状的，对团队系统的影响也是点状的。从系统的视角看，团队需要共同成长、共同努力，而不是单一个体的成长和努力。团队能力提升，一定是基于团队目标而达成的个人能力提升，团队能力提升可以使个人能力提升，而个人能力提升不能代表团队能力提升。

　　从企业的视角看，系统化思维让我们能够更客观地看企业系统，通过系统平衡让企业系统达到最佳的发展状态。团队成长带动组织提升，组织提升同样带动团队成长。组织系统提升需要组织内的系统或相关系统提升，所涉及的所有元素的整体提升。如果我们没有办法照顾到全部系统，就可以照顾关键系统；如果我们没有办法照顾全部元素，就可以照顾关键元素，从关键部分着手，效果和价值才会最大化。

三、企业系统化运作，实现持续进化

　　系统化思维在组织创新和发展中尤为重要，包括问题解决、战略设定等。企业要发展，更需要具备系统化思维。没有企业能够在一成不变的情况下实现持续发展。企业最关注的两点就是创新和发展。企业发展大的方面关系到国家发展、社会发展、时代发展，小的方面关系到个人发展、家庭发展。企业的创新是企业发展的重中之重，创新是保持企业系统良好运作和持续发展的有效手段，会使企业系统保持活力，使企业的基业长青。

　　企业是由主系统、分系统、关联系统组合成的一个庞大的系统体系。在做企业创新前，我们必须找到企业的全系统，梳理企业的全系统，尽可能梳理出企业的所有系统，包括关联系统。从企业的系统层面思考创新，对企业而言才更有价值。提到创新就一定要有目标，创新从来就不是从无到有，创新都是基于原有资源进行的突破和创造。另外，真正的创新一定要有价值，脱离了目标和原有资源的创新可以被视为无效或无意义。梳理出企业的全系统，企业创新前一定要呈现出企业全系统的所有元素，越全面、越细致，创新才会越有效果、越有价值。企业创新同时讲究时效性，一定要从系统化的视角、以更高层级的

视角做创新。

创新可以体现在企业的各个层面，如管理创新、销售创新、流程创新等。创新是推动企业成长非常有效的方法。

（一）企业系统梳理过程

企业系统梳理过程如下：

（1）梳理企业的主系统，它是决定企业生存的系统，如产供销、人财物等，也可以理解为企业在最初状态所呈现的系统。

（2）梳理企业的子系统，以及企业子系统而引发的分系统，如质检系统、物流系统、后勤支持系统等，也可以理解为各部门系统或核心系统引发的其他系统。

（3）梳理与主系统和子系统相关的系统，如车队系统、薪酬系统等，也可以理解为各部门内部引发的其他系统或者由外部环境引发的其他系统。

梳理完企业的全系统后，我们还需要知道企业系统的优先顺序，调整企业的关联系统只会影响分系统和主系统，调整企业的分系统只会影响企业的主系统，而调整主系统才会影响企业存亡。

最有效的企业创新和企业成长一定是调整企业的主系统。如果企业各部门各系统都完善，即做到企业的全系统优化，那么企业的全系统优化和调整带来的企业效率一定是倍增的。

所有系统调整的关键步骤，其底层逻辑都是一样的，应优先调整主要的、关键的、核心的元素。

（二）企业系统梳理的主要顺序

（1）主系统：指直接决定企业的存亡，企业的主要核心系统。

（2）子系统：指影响企业的存亡，企业的核心系统引发的分系统。

（3）关联系统：指影响企业运作，企业的分系统引发的其他系统或外部环境带来的其他系统。

企业需要发展，就离不开创新，创新是企业发展的重要手段。企业创新可以增强企业活力，打破原有固化的系统方式，可以不断适应外部环境的发展和变化，是一种以不变应万变的手法。

（三）从系统化思维视角的创新方法

（1）元素组合法：将各种相关联的元素重新组合成系统。按照既定的目标寻找相关的元素，组合成新的系统。

（2）元素换位法：调整系统中元素的排列顺序。将系统中的元素进行重新排列或组合，构成新的系统。

（3）增减元素法：系统中的元素增加或减少。增加或减少系统中的元素，而形成新的系统。

（4）单点元素法：将系统中的某一个元素进行调整或改变，也可以说将系统中的一个元素点进行替换或拆解。可以理解为把一个元素点单独拿出来重新建立系统。

可以看出，从系统化思维的视角更容易理解创新，也更理性和客观。核心要点就是不断变换系统或者变换元素，通过各种办法达成目标，且不影响系统运作。系统化思维创新的过程中更容易看到关键点，从关键点的创新产生的价值会更大，即从系统化思维的视角让价值最大化。

结 语

　　如果真的想学习一种工具或一套方法，首先要清空自己，从分享者的角度思考，理解分享者的语言系统，才能真正理解工具或方法的本质和底层逻辑。学会系统化思维，再通过自己的认知予以加工，即可为己所用。

　　每种工具或方法包括的理论、公式都是基于一定的环境、假设和前提（包括创作者本人的特性）而产生的。只有抱着空杯的心态学习，才会在最短的时间内达到最好的效果。

　　学习是拿来主义，学会与否在于是否能应用。如果我们学会了系统化思维的方法，就可以用这套方法看世界，会发现这是一个一通百通的路径。听懂、理解、使用，然后在使用过程中优化，这是一个持续成长的过程。通常，

人们很难跳出点状思维和线性思维，因为人的出发视角通常是"我"，也可以说做不到绝对的客观，就像爱因斯坦曾说的，"世界上没有绝对的真理"。系统化思维的路径和思考方法，也仅基于人类目前所在的四维世界。

希望有缘人拿起这本书，并坚持读完。这本书每个章节都是独立的，但又有逻辑相连性，从认知理解到工具方法再到转化应用，我尝试用客观通俗的语言，结构化、逻辑性进行表达，以便让更多的人学习了解并应用于实践，使更多的人思考与成长。

感谢在研究系统化思维的路上，一直支持我的朋友。在研究过程中为了确认应用价值，朋友们不厌其烦地回答我的询问，当我把一些新的想法分享给他们的时候，也得到了很多鼓励和支持，在此非常感谢！

反侵权盗版声明

电子工业出版社依法对本作品享有专有出版权。任何未经权利人书面许可，复制、销售或通过信息网络传播本作品的行为；歪曲、篡改、剽窃本作品的行为，均违反《中华人民共和国著作权法》，其行为人应承担相应的民事责任和行政责任，构成犯罪的，将被依法追究刑事责任。

为了维护市场秩序，保护权利人的合法权益，我社将依法查处和打击侵权盗版的单位和个人。欢迎社会各界人士积极举报侵权盗版行为，本社将奖励举报有功人员，并保证举报人的信息不被泄露。

举报电话：（010）88254396；（010）88258888

传　　真：（010）88254397

E-mail:　dbqq@phei.com.cn

通信地址：北京市万寿路173信箱

　　　　　电子工业出版社总编办公室

邮　　编：100036